ZEITSCHRIFT FÜR ANGEWANDTE GEOLOGIE

HERAUSGEGEBEN VON

DER STAATLICHEN GEOLOGISCHEN KOMMISSION

UND DER ZENTRALEN VORRATSKOMMISSION

DER DEUTSCHEN DEMOKRATISCHEN REPUBLIK

AUS DEM INHALT

AKADEMIE-VERLAG · BERLIN

BAND 4 / HEFT 5

MAI 1958

SEITE 197–256

INHALT

Die ZEITSCHRIFT FÜR ANGEWANDTE GEOLOGIE berichtet ständig ausführlich über folgende Arbeitsgebiete: Geologische Grundlagenforschung und Lagerstättenforschung / Methodik der geologischen Erkundung / Ökonomie und Planung der geologischen Erkundung / Technik der geologischen Erkundung / Geologie und Lagerstättenkunde im Ausland / Bibliographie, Verordnungen, Richtlinien, Konferenzen, Personalnachrichten

Die ZEITSCHRIFT FÜR ANGEWANDTE GEOLOGIE ist kein Organ einer engen Fachgruppe. Auf ihren Seiten können alle strittigen Fragen der praktischen Geologie behandelt werden. Die Autoren übernehmen für ihre Aufsätze die übliche Verantwortung.

Herausgeber: Staatliche Geologische Kommission und Zentrale Vorratskommission für mineralische Rohstoffe der Deutschen Demokratischen Republik. Chefredakteur: Prof. Dr. Erich Lange, Berlin. Redaktion: Berlin N 4, Invalidenstraße 44. Verlag: Akademie-Verlag GmbH, Berlin W 8, Mohrenstraße 39 (Fernsprecher 20 03 86, Postscheckkonto: Berlin 350 21). Bestell- und Verlagsnummer des Heftes: 1047/4/5. Die „Zeitschrift für angewandte Geologie" erscheint monatlich. Bezugspreis 2,– DM je Heft, Doppelheft 4,– DM. – Satz und Druck: Druckhaus „Maxim Gorki", Altenburg. Veröffentlicht unter der Lizenznummer ZLN 5008 des Ministeriums für Kultur, Hauptverwaltung Verlagswesen. Karten: MdI. der DDR Nr. 4058 / K 11.
Printed in Germany.

ZEITSCHRIFT FÜR ANGEWANDTE GEOLOGIE

CHEFREDAKTEUR: PROF. DR. E. LANGE

BAND 4 · MAI 1958 · HEFT 5

460 Geowissenschaftler für atomwaffenfreie Zone

Wortlaut eines Schreibens vom 28. Januar 1958
an den Ministerpräsidenten der Deutschen Demokratischen Republik

Sehr geehrter Herr Ministerpräsident!

Die Wissenschaftler und Techniker der Staatlichen Geologischen Kommission sind in rastlosem Einsatz bemüht, in der Deutschen Demokratischen Republik die Bodenschätze zu erkunden, die unsere Industrie benötigt, um alle Zweige unseres vielfältigen wirtschaftlichen Lebens zu befriedigen. Darüber hinaus wird in enger Zusammenarbeit mit den Ministerien sowie den Räten der Bezirke und Kreise an zahlreichen Aufgaben mitgewirkt, die in ihrer Gesamtheit der Hebung des Lebensstandards der Bevölkerung der DDR und damit auch dem Aufbau des Sozialismus dienen.

Ihr eindringlicher Appell an die Regierung und Bevölkerung Westdeutschlands mit Ihren Vorschlägen zur Schaffung einer atomwaffenfreien Zone in Europa hat wie überall gleichfalls unsere lebhafte Zustimmung gefunden. Die Bundesrepublik beschwört durch ihre Haltung eine tödliche Gefahr für das gesamte deutsche Volk herauf. Darum wenden sich immer mehr einsichtsvolle Kreise auch in Westdeutschland gegen eine Lagerung von Atomwaffen und die Einrichtung von Raketenabschußbasen auf westdeuschem Territorium. Wir glauben an die Kraft des Lebens und der Vernunft für die kommenden Generationen, und deshalb hoffen wir, daß sich die Kräfte des Friedens stärker erweisen werden als die Mächte der Zerstörung. Eine atomwaffenfreie Zone in Europa wäre ein erster bedeutungsvoller Schritt auf dem Wege zu einem Übereinkommen der Großmächte für ein allgemeines Verbot der Anwendung von Kernwaffen. Der Einsatz der Atomenergie für andere als für friedliche Zwecke ist menschenunwürdig und steht im Gegensatz zu jedem humanistischen Gedanken.

Wir wenden uns an Sie, sehr geehrter Herr Ministerpräsident, um Ihnen unsere rückhaltlose Zustimmung zu Ihren Vorschlägen zum Ausdruck zu bringen und Ihnen die Zusicherung zu geben, daß wir auch jede Ihrer weiteren Bemühungen zur Abwendung der Atomgefahr unterstützen werden.

Dem Inhalt dieses Schreibens haben durch ihre Unterschrift 460 Wissenschaftler und Techniker der Staatlichen Geologischen Kommission und der ihr angeschlossenen Betriebe zugestimmt.

Für die Wissenschaftler:

(Prof. Dr. Kautzsch)
Nationalpreisträger, Chefgeologe

Für die Techniker:
I. V.

(Treppschuh)
Dipl.-Bergingenieur

Offener Brief

an die Mitglieder der Deutschen Geologischen Gesellschaft, der Geologischen Vereinigung, der Paläontologischen Gesellschaft und der Deutschen Mineralogischen Gesellschaft in der Deutschen Bundesrepublik.

Sehr verehrte Fachkollegen!

Die in Stralsund auf der Tagung der Geologischen Gesellschaft in der Deutschen Demokratischen Republik versammelten Wissenschaftler wenden sich aus ernster Sorge an Sie mit der Bitte, der Atomkriegsgefahr auf deutschem Boden entgegenzuwirken.

Der Beschluß des Bundestages, die Bundeswehr mit nuklearen Waffen auszurüsten und auf deutschem Boden Raketenabschußbasen zu errichten, vertieft die Spaltung Deutschlands und beschwört die Gefahr eines Atomkrieges in Mitteleuropa herauf. Damit ist die Existenz der deutschen Nation in Frage gestellt.

Folgen Sie dem Beispiel der Göttinger 18 und treten Sie entschlossen den wahnwitzigen Plänen einzelner Atomkriegsstrategen entgegen und schließen Sie sich den Protestbewegungen aller Schichten der deutschen Bevölkerung gegen den Atomtod an. Sie helfen damit, die Früchte Ihrer wissenschaftlichen Arbeit zu erhalten und zum friedlichen Nutzen aller Menschen anzuwenden.

Auch unsere Wissenschaft kann nur im Frieden gedeihen. Lassen Sie uns deshalb gemeinsam handeln zum Nutzen und Wohle unseres Volkes.

Stralsund, am 25. April 1958

Die Mitglieder der Geologischen Gesellschaft
in der Deutschen Demokratischen Republik.

Uranlagerstätten, ihre Mineralisation und ihre geologische Erkundung[1])

FRIEDRICH STAMMBERGER, Berlin

INHALT

I. Ein Metall „macht Karriere"

Uran war noch bis vor wenigen Jahren ein Metall, das Industrie und Wirtschaft verhältnismäßig wenig interessierte. Heute ist es das meistbegehrte Metall der Gegenwart. In dieser überraschenden „Karriere" des Urans lassen sich zeitlich drei Abschnitte unterscheiden, in welchen sich die Bedeutung dieses Metalls von Grund auf änderte.

Der erste Abschnitt beginnt mit dem Jahre 1789, als MARTIN HEINRICH KLAPROTH dieses Element entdeckte. Er untersuchte Pechblende, übrigens aus Johanngeorgenstadt, welche bis dahin als ein Zink-, Eisen- oder auch Wolframerz angesehen wurde (KRUSCH 1937). Erst 1841 bewies der französische Chemiker G. PÉLIGOT, daß KLAPROTH sich geirrt hatte, als er das erhaltene schwach metallisch glänzende, schwarze Pulver (UO_2) für Uranmetall gehalten hatte. Diese erste Etappe, in der man faktisch mit Uran nichts anzufangen wußte, endete mit dem Jahre 1898, als das Ehepaar CURIE in der Joachimsthaler Uranpechblende das Radium entdeckte.

Damit begann ein neuer wichtiger Abschnitt im Bedeutungsanstieg des Urans, das nunmehr vor allem deswegen geschätzt wurde, weil aus ihm Radium gewonnen werden konnte. Seitdem wurde insgesamt rund ein Kilogramm Radium gewonnen. Da ein Gramm Radium aus etwa 3 t Uran erhalten wird, überstieg die Gesamtförderung seit der Jahrhundertwende bis Mitte der 30er Jahre kaum 3000—4000 t Uran.

In Tabelle 1 sind einige Großproduzenten für Radium mit Teilquoten ihrer Gesamtlieferung aufgeführt.

[1]) „Die Geologie der Uranlagerstätten der kapitalistischen Länder" von W. S. DOMAREW (redigiert von E. M. JANISCHEWSKIJ), Moskau 1956 (russisch).
„Das Aufsuchen von Uranlagerstätten". Eine Kollektivarbeit von W. G. MELKOW und L. Tsch. PUCHALSKIJ unter Redaktion von E. M. JANISCHEWSKIJ, Moskau 1957 (russisch).
„Die Uranminerale" von M. W. SOBOLEWA und I. A. PUDOWKINA (Redaktion von W. I. GERASIMOWSKIJ), Moskau 1957 (russisch).

Tabelle 1

Radiumproduktion einzelner Lagerstätten
(nach DOMAREW)

Joachimsthal (1906–1931)	39	Gramm
Colorado (1910–1927)	202,5	„
Shinkolobwe (1922–1939)	bis 500	„
Großer Bärensee (1933–1939)	176	„

Infolge der wachsenden Nachfrage stiegen die Preise für Radium bis Anfang der 20er Jahre fortgesetzt (Tab. 2), wodurch die Uranerzförderung – trotz der verhältnismäßig niedrigen Gesamtziffern – spürbar stimuliert wurde.

Tabelle 2

Entwicklung der Radiumpreise
(nach DOMAREW)

1902	2 500	Dollar für	1	Gramm	Radium
1905	bis 50 000	„ „	1	„	„
1914	175 000	„ „	1	„	„
1927	35–50 000	„ „	1	„	„
1938	25–30 000	„ „	1	„	„

Ernste Rückschläge brachte Anfang der 30er Jahre die Weltwirtschaftskrise (s. Tab. 3)

Tabelle 3

Weltproduktion an Radium
(nach DOMAREW)

Jahr	1930	1931	1932	1933	1934	1935	1936	1937	1938	1939
Gr./Ra.	63,78	43,85	10,21	13,26	27,08	25,54	35,52	45,61	99,62	175,8

Nach 1938 wurden Kanada und Belgisch-Kongo zu den Hauptlieferanten für Radium. Sie legten zur Aufrechterhaltung der bei etwa 25–30000 Dollar/Gramm stabilisierten Radiumpreise ihre Produktionsquoten im Verhältnis 40 (Kanada) zu 60 (Belgisch-Kongo) fest.

Die anfallenden Uranmengen fanden während dieser zweiten Etappe im wesentlichen keine zweckentsprechende Verwendung, sie waren eher ein lästiges Nebenprodukt. Nur geringe Mengen wurden in der Glasindustrie zur Färbung der Gläser und als Beimischung zum Bleiglas verwendet, noch geringere verbrauchte die Porzellanindustrie (für Glasuren), die Fotoindustrie (als Verstärker der Negative u. a.), die polygraphische Industrie und die Laboratorien. In Legierung mit Nickel (66% U und 33% Ni) zeigte Uran zwar große Säurefestigkeit, konnte jedoch in dieser Eigenschaft ebenfalls keine größere Bedeutung erlangen. Uran blieb im wesentlichen weiter uninteressant und unbeobachtet von Industrie und Wirtschaft.

Die Versuche HAHNs und STRASSMANNs im Jahre 1939, die zur Spaltung des Uranatomkerns führten und eine breite Isotopenforschung einleiteten, sind ein wichtiger Markstein im Bedeutungsanstieg des Urans. Mit diesen Arbeiten war ein entscheidender Anstoß zur zukünftigen Nutzung der bei der Kernspaltung freiwerdenden großen Energiemengen gegeben. Ein neuer – der dritte – Abschnitt in der Bewertung des Urans hatte begonnen. Uran und Radium wechselten bald ihre Plätze: wenn heute noch Radium aus Uran gewonnen wird, so in der Regel nur als Beiprodukt der Uranproduktion selbst. Auf sehr vielen Gebieten ist Radium gegenwärtig schon völlig durch radioaktive Isotopen ersetzt worden, die hauptsächlich in den Kernreaktoren gewonnen werden. Ihre Strahlungsintensität entspricht oft ganzen Kilogrammen Radium. Die bekannte weitere Entwicklung der Kernwissenschaft, welche sowohl die militärische wie auch friedliche Anwendung der Kernenergie möglich macht, trug vor allem zu der fieberhaften Suche nach neuen und der intensiven Ausbeutung der vorhandenen Uranlagerstätten bei (Abb. 1).

Allein in den letzten Jahren wurden neben zahllosen kleineren Lagerstätten eine Reihe bedeutender, z. T. Riesenlagerstätten entdeckt:

1945 Witwatersrand (Uran als Nebenprodukt)
1948 Im Bezirk des Beaverlodge-Sees (Kanada)
1949 Marysvale (USA)
Rum Jungle (Australien)
1952 Gunnar (Kanada)
1953 Blind River (Kanada)

Schon im Jahre 1943 lieferte die Firma Westinghouse dem Manhattan project (einer USA-Organisation, welche Atomwaffen ausarbeitete) täglich etwa 250 kg Uran zu 45 Dollar/kg. 1953 sollen nach westlichen Mitteilungen (NAHMIAS 1953) die USA schon in der Lage gewesen sein, täglich etwa ein Kilogramm der Isotope U^{235} herzustellen, d. h. 140 kg Uran zu verarbeiten. Uran war zum meistbegehrten Metall der Gegenwart geworden.

Konkrete Angaben und Berichte wurden überall zum Staatsgeheimnis Nr. 1 erklärt. Auch bloß angenäherte Ziffern wurden nur in den seltensten Fällen bekanntgegeben. Und selbst dann waren sie nicht nur unsicher, sondern meist wenig glaubwürdig. Dieser Schleier des Geheimnisses, der Uran, seine Lagerstätten[2]) und seine Verarbeitung umgab, trug seinerseits dazu bei, daß in der Tagespresse und in wissenschaftlichen Zeitschriften nicht wenige – bis vor wenigen Jahren – meist sehr allgemein gehaltene und wenig aussagende Veröffentlichungen über Uran erschienen. Es muß angenommen werden, daß eine weit größere Zahl wissenschaftlicher Untersuchungsberichte angefertigt, jedoch nicht zur Veröffentlichung freigegeben wurden. Zweifellos enthalten gerade diese Berichte das geologisch interessanteste und wertvollste Material.

ZESCHKE (1956a), der s. Z. enge Kontakte zur US-Atomenergie-Kommission besaß, nennt in diesem Zusammenhang erstaunliche Ziffern: bis 1955 wurden in den USA rund 8600 Arbeiten veröffentlicht. Fast dreimal so hoch schätzt er die Zahl der Geheimberichte. „Die Zahl der über Uran und Thorium geleisteten Arbeiten dürfte in der westlichen Welt 30000 überschreiten." „Allein im Bereich der US-Atomenergie-Kommission wurden in den letzten 10 Jahren über 3000 wissenschaftliche Arbeiten über das Vorkommen von Uran und Thorium, einschließlich des Studiums der wirtschaftlich interessanten Lagerstätten veröffentlicht." Die vertrauliche Behandlung aller mit diesen Fragen verbundenen Arbeiten beschränkte sich natürlich nicht nur auf die Länder des Westens. Sowjetische Arbeiten (jedoch keine geologischen) wurden erstmalig während der Session der Akademie der Wissenschaften der UdSSR über die friedliche Ausnutzung der Atomenergie (vom 1.–5. Juli 1955) und von den Mitgliedern der sowjetischen Delegation auf der Internationalen wissenschaftlich-technischen Konferenz zur friedlichen Ausnutzung der Atomenergie in Genf (7.–20. August 1955) referiert. Nunmehr liegen auch erste sowjetische mineralogisch-geologische Zusammenfassungen vor. Es ist verständlich, daß sie das lebhafteste Interesse der deutschen Geologen finden. Bei vielen der russischen Sprache nicht mächtigen Geologen besteht der Wunsch,

[2]) Über die Großlagerstätte Shinkolobwe erschien seit 1933 nur 1955 ein weiterer Bericht.

die Quintessenz dieser Arbeiten vermittelt zu erhalten. Nachfolgend ist der Versuch unternommen worden, diesem Wunsch zu entsprechen[3]).

II. Über die Minerale des Urans

Uran ist chemisch außerordentlich aktiv und wird daher in der Natur nicht gediegen angetroffen. Es reagiert leicht mit beinahe allen Metallen, oxydiert schnell an der Luft und zersetzt bei 100° C Wasser. Die wichtigste chemische Eigenschaft des Urans ist seine stark ausgeprägte Reduktionsfähigkeit, die sich besonders in sauren wäßrigen Lösungen bemerkbar macht. Uran ist im natürlichen Zustand 4- und 6wertig. Künstlich kann man auch 2-, 3- und 5wertiges Uran erhalten. Der Ionradius für U^{4+} beträgt 1,05 Å, für U^{6+} dagegen 0,8 Å. Da der Radius von U^{4+} sich nur wenig von den Radien für Th^{4+} (1,10 Å), Ca^{2+} (1,06 Å) u. a. Elementen unterscheidet, begünstigt dieser Umstand die Vertretung des U-Ions im Kristallgitter durch ähnlich große Ionen anderer Stoffe.

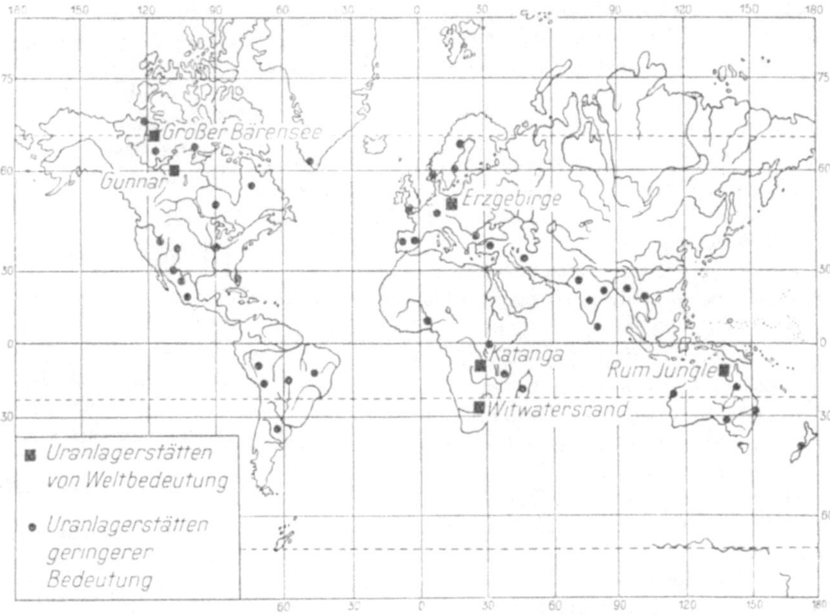

Abb. 1. Die bedeutendsten Uranlagerstätten der Welt (ohne Sowjetunion). Nach MAGAKJAN (1955 b)

Mit Sauerstoff bildet Uran die Oxyde UO_2, U_3O_8 und UO_3. UO_2 gehört zum kubischen Kristallsystem und hat dunkelbraune oder schwarze Färbung. Seine Verbindungen haben stets schwarze, braune oder grüne Farben. U^{4+} oxydiert leicht zu U^{6+}.

U_3O_8 gehört zum hexagonalen Kristallsystem und hat dunkelgrüne Färbung.

UO_3 wird ohne Wasser in der Natur gewöhnlich nicht angetroffen. In amorphem Zustand besitzt es gelbe, orange und braune Färbung. U^{6+} reduziert leicht zu U^{4+}.

Gegenwärtig sind mehr als 150 Uranminerale bekannt (eigentliche Uranminerale und uranführende M.) Allein in den letzten 15 Jahren wurden nach Mitteilung MELKOWs (1957) nicht weniger als 35 neue Uranminerale entdeckt. Jede neue Uranlagerstätte war in der Regel mit neuen Mineralentdeckungen verbunden. Diesen Erfolgen steht die Tatsache gegenüber, daß auch heute noch für eine Reihe wichtiger Minerale weder die Kristallstruktur, Genesis, Paragenesis, noch einige physikalische und chemische Eigenschaften eindeutig festgestellt worden sind. Es liegen ferner z. T. widersprechende Angaben über die optischen u. a. Eigenschaften einiger Uranminerale vor. Mehrere Minerale, die zu verschiedenen Zeitpunkten entdeckt worden waren, erwiesen sich in der Folge als miteinander identisch (z. B. der Dakeit und der Schröckingerit, der Johannit und der Gilbinit). Diese Mängel der Mineralforschung wirken sich auch heute noch auf die Klassifikation und Systematik der Uranminerale aus. Für diesen Zustand ist nicht nur – nach MELKOW – die Neuartigkeit der Aufgabe, sondern auch eine Reihe objektiver Schwierigkeiten verantwortlich: die relative Seltenheit der Uranminerale, ihre übliche geringe Konzentration, ihre meist winzigen Ausmaße, ihr äußerliches Übereinstimmen (Glanz, Farbe, Härte, Dichte, optische Eigenschaften, Erscheinungsformen usw.), die recht häufige enge Verquickung verschiedener Uranminerale, die Kompliziertheit und Veränderlichkeit des chemischen Bestandes, die Komplizierungen in der Zusammensetzung und der Struktur durch metamikte Umwandlungen und der ununterbrochene radioaktive Zerfall.

DOMAREW (1956) hebt hervor, daß die wichtigsten und praktisch bedeutendsten Uranminerale folgende sind:

1. Die Oxyde Uraninit und Nasturan[4]).
2. Verbindungen der Sauerstoffsäuren, in welche das sechswertige Uran häufig in Form des Uranyls eingeht:
   a) basische wasserhaltige Vanadate: Carnotit und Tujamunit,
   b) basische wasserhaltige Phosphate: Torbernit und Autunit.

„Viele andere Minerale, obwohl sie durch weite Verbreitung charakterisiert sind," schreibt DOMAREW, „werden in großen Massen anscheinend nicht angetroffen."

[3]) Neben den drei unter der Überschrift dieses Referates genannten sowjetischen Werken bezieht sich der Referent in Einzelfällen auf andere, vor allem sowjetische, deutsche, französische und amerikanische Arbeiten. (Daher machte sich am Schluß des Aufsatzes ein Literaturverzeichnis notwendig, was bei Buchreferaten in der Regel nicht üblich ist.) Verfasser hielt es für zweckmäßig, den Darlegungen der sowjetischen Autoren andere – sowjetische und nichtsowjetische – gegenüberzustellen, die ihre Angaben zum Teil ergänzen bzw. durch abweichende Auffassungen die Notwendigkeit unterstreichen, daß zukünftige Untersuchungen und Veröffentlichungen noch Licht in das Dunkel gegenwärtig umstrittener Fragen bringen müssen. Die wissenschaftliche Leistung der referierten sowjetischen Verfasser wird dadurch keineswegs geschmälert. Die deutschen Geologen dürften mit diesen Ergänzungen um so eher einverstanden sein, als fremdsprachige Abhandlungen z. T. schwer zugänglich sind, in den wenigen deutschen Arbeiten andererseits gewisse Probleme zu apodiktisch behandelt werden.

[4]) Die sowjetischen Geologen bezeichnen mit Uraninit die kristallische, mit Nasturan die fast thoriumfreie amorphe bzw. kryptokristallische Modifikation der „Uranpechblende", während bei uns und im Westen – mit Ausnahme einzelner amerikanischer Geologen – Uraninit gewöhnlich als Synonym für Pechblende gebraucht wird. Daher ist aus vorliegenden geologischen Berichten nicht immer zu erkennen, welche Modifikation des Uranminerals in der Lagerstätte vorliegt. Nach sowjetischem Beispiel wird hier Uranpechblende oder Pechblende nur in solchen Fällen verwendet, wenn es unklar ist, ob es sich um Uraninit oder Nasturan handelt. Verfasser zieht eine solche Anwendung der Bezeichnungen auch der vorgeschlagenen Gleichsetzung Nasturan = Pechblende vor.

MELKOW weist auf folgende charakteristische Besonderheiten der chemischen Zusammensetzung der bekannten natürlichen Uranverbindungen (d. h. Minerale) hin:

a) Sauerstoff ist stets vorhanden.
b) Schwefel- und Haloidverbindungen, ebenso wie Verbindungen mit Stickstoff, Wolfram, Chrom, Germanium, Zinn, Selen, Tellur und der Platingruppe fehlen völlig.
c) Gediegenes Uran ist ebenfalls unbekannt.
d) Sehr charakteristisch ist noch die fast ständige Anwesenheit von Wasser oder der Hydroxylgruppe.

Am Aufbau der Minerale nimmt sowohl das 4- als auch das 6wertige Uran teil. Während des radioaktiven Zerfalls befreit sich das Uranatom von seinem ihm anhaftenden Sauerstoff, der an Ort und Stelle ganz oder teilweise zur Oxydation des 4wertigen Urans zum 6wertigen verbraucht wird. Daraus erklärt sich, daß nur in geologisch sehr jungen Bildungen (frisch ausgeschiedenen) die Minerale überhaupt kein 6wertiges Uran enthalten. Mit fortschreitender Zeit, d. i. radioaktivem Zerfall, vergrößert sich der Anteil des 6wertigen Urans im Mineral, der durch chemische Analyse feststellbar ist.

Das Ausgangsverhältnis von 4wertigem zu 6wertigem Uran kann verschieden sein.

MELKOW teilt die Minerale nach dem Urangehalt ein in

a) Uranminerale,
b) uranführende (-enthaltende) Minerale.

Die uranführenden Minerale zeichnen sich durch geringe und unbeständige Urangehalte aus. In ihnen liegt Uran entweder als feste Pseudolösung oder als isomorphes Gemisch oder als mechanische Beimengung oder auch als Ergebnis von Adsorption vor. MELKOW lehnt aus praktischen und genetischen Gründen die übliche Klassifikation nach dem chemischen Bestand mit Klassenausscheidung nach dem Anion (z. B. Sulfate, Karbonate, Silikate usw.) ab. Er zieht die Gruppierung nach der Wertigkeit des Urans vor und bildet drei Klassen:

1. Minerale, die hauptsächlich aus 4wertigem Uran gebildet wurden. Diese Minerale spielen gegenwärtig für die Urangewinnung nur eine geringe Rolle. Sie dienen hauptsächlich zur Gewinnung von Thorium, Titan, Hafnium, Zirkon, Tantal, Niob und Seltenen Erden.
2. Minerale, die aus 4- und 6wertigem Uran gleichzeitig gebildet wurden. Diese Minerale sind die Hauptkomponenten der reichen Uranerze.
3. Minerale, die aus 6wertigem Uran gebildet wurden. Diese Minerale werden zum Teil zur industriellen Gewinnung von Uran genutzt. Ihr Auffinden erleichtert die Suche nach nichtoxydierten Uranerzen.

Trotz gewisser Bedingtheiten bei der Zuordnung der einzelnen Minerale hat diese Klassifikation nach Meinung ihres Autors den Vorteil, daß die übergroße Mehrzahl der Uranminerale in ihr so aufgezählt wird, wie es den geologischen Verhältnissen ihrer Entstehung und Verbreitung entspricht (Abb. 2).

Zu den Mineralen des U^{4+} gehören u. a. Brannerit und Davidit. Zu den Mineralen des $(U^{4+} + U^{6+})$: Uraninit, Nasturan, Uranschwärze (relikte und regenerierte) sowie Bröggerit.

Zu den Mineralen des U^{6+} zählen Uranophan, Gummit, Uranotil (Silikate), Carnotit, Tujamunit (Vanadate), Autunit, Torbernit (Phosphate).

In Tabelle 4 sind die wichtigsten diagnostischen Eigenschaften dieser Minerale und einiger anderer zusammengestellt, die später bei der Beschreibung der Uranlagerstätten erwähnt werden.

III. Spezielle mineralogische Untersuchungsverfahren

Außer den üblichen mineralogischen Untersuchungsverfahren verfügt der Geologe zum Studium der Uranminerale noch über die radiometrische und radiographische Methode sowie über die Lumineszenzanalyse. Der Bestimmungsgang zur Feststellung des Bestandes eines radioaktiven Erzes kann etwa wie folgt eingeschlagen werden (Systematik und Reihenfolge nach I. A. PUDOWKINA 1957):

1. Die radiometrische Methode

ist auf die radioaktive Strahlung des Uranerzes und seiner Minerale aufgebaut. Bekanntlich entstehen beim radioaktiven Zerfall drei verschiedene Arten von Ausstrahlungen: Alphastrahlen, Betastrahlen und Gammastrahlen.

a) Die Alphastrahlen (Alphateilchen) sind nichts anderes als Atomkerne des Heliums. Diese Teilchen besitzen zwar eine große Geschwindigkeit ($^1/_{20}$ der Lichtgeschwindigkeit, d. h. 15000 km/s), werden jedoch durch den unvermeidlichen Zusammenstoß mit Molekülen des Stoffes so stark gebremst, daß sie selbst von einer sehr dünnen Schicht eines beliebigen Stoffes (z. B. einem Bogen Papier oder einer etwa 10 cm starken Luftschicht) aufgehalten werden. Auf ihrem Weg ionisieren sie stark die Luft bzw. Gas, eine wesentliche Eigenschaft, welche mit Hilfe der Alphamethode zur Bestimmung der Menge radioaktiven Materials ausgenutzt wird.

b) Die Betastrahlen (Betateilchen) sind negativ geladene Elektronen, die sich mit beinahe Lichtgeschwindigkeit bewegen. Sie sind bedeutend kleiner als die Alphateilchen (etwa $^1/_{1840}$ der Masse eines Wasserstoffatomkernes). Infolgedessen haben sie ein größeres Eindringungsvermögen als Alphateilchen. Sie können eine bis 5 mm starke Aluminiumplatte durchschlagen und sich in der Luft mehrere Dezimeter fortbewegen. Allerdings ionisieren sie die Gase nur etwa $^1/_{10}$ so stark wie Alphateilchen. Diese Eigenschaft wird hauptsächlich durch Zählung der Betateilchen bei der Bestimmung der Menge radioaktiven Stoffes ausgenutzt.

c) Bei der Gammastrahlung (d. s. kurzwellige elektromagnetische Strahlen, die sich im Spektrum an Röntgenstrahlen nach kürzeren Wellen hin anschließen) werden sogenannte Photone — Lichtquanten, d. h. Elementarteilchen der Lichtwellen — mit Lichtgeschwindigkeit ausgestrahlt. Diese Teilchen durchdringen sogar eine mehrere Zentimeter dicke Bleiplatte oder eine Gesteinsschicht von etwa 0,5—1,0 m Mächtigkeit oder eine Luftschicht von mehreren hundert Metern. Diese Eigenschaft wird unter Berücksichtigung aller einwirkenden Faktoren bei der Gammamethode ausgenutzt. (Die Hauptmenge der Gammateilchen wird von den Zerfallsprodukten des Radons gestellt. Die Bestimmung ist also nur richtig, wenn das Gleichgewicht Uran—Radon im Erz nicht gestört ist.) Dieser Umstand macht häufig eine radiochemische Untersuchung des Erzes erforder-

Tabelle 4. **Einige wichtige Minerale des Urans**

(Nach SOBOLEWA und PUDOWKINA (1957), MELKOW (1957) und SCHÜLLER (1957))

Name und chem. Formel	Farbe	Strich	Glanz	Härte, Dichte	Krist.-system	Bildung	Häufigkeit	Gehalt in Prozenten an			Bemerkung
								UO_2	UO_3	ThO_2	
Autunit $Ca(UO_2)_2(PO_4)_2$ $8H_2O$	grüngb. graugb. hellgrün	farblos bis hellgrün	perlam. diamantglänz.	2–2,5 3,05–3,19 (selt. bis 3,41/3,51)	tetr.	In der Oxyd.-zone von Pegmatiten, hydrotherm. u. sedimentären Lagerstätten	häufig		55,08–63,44		
Brannerit (U, Ca, Fe, Y, Th)$_3$ Ti_5O_{16}	schwarz (verw.: bräunlicher Bezug)	braungelb braungrau	glasglänz. pechglänz. manchmal fettig	4,5–6,5 4,56–5,43	rh(?) tetr.(?) metamikt	In Pegmat. Graniten. Kommt in Seifen vor	In einz. Lagerst. häufig	Sp.–29,9	11,4–42,36	0,3 bis 8,41	
Carnotit $K_2(UO_2)_2(VO_4)_2$ $3H_2O$	gelb, mit grünl. hellgelb. u. a. Tön.	gelb	matt	2–2,5 3,41–3,67	mkl. ps.-rh.	In der Oxydat.-zone sedim.Lgst. Hydroth. (??)	In sediment. Lagerstätt. häufig		47,42–65,62		
Coffinit $U(SiO_4)_{x-1}$ $(OH)_{4x}$	schwarz	braun	glasglänz. bis pechglänz.	5–6 bis 5,1	tetr.	Noch wenig erforscht, anscheinend nicht häufig	Mit Nasturan assoziiert.	46,37–68,29			
Davidit (Fe, Ce, U) (Ti Fe, V, Cr)$_3$ $(O,OH)_7$	schwarz auch dunkelbraun	dunkelbraun	halbmet.	5–6 4,12–5,35	kub. häuf. metamikt	In Pegmatiten u. Alkaligesteinen	häufig	2,25–9,6		0,13	
Gummit Gemenge aus Hydrooxyden und Silikaten	von orangegelb bis gelbrot	sehr veränderlich	fettglänz. wachsglänz.	2,5–3 4,7–5,8	amorph kryptokrist.	Sekundär. Umwandlungsprodukt von Uraninit und Nasturan	In der Oxyd.-Z. häufig	sehr wechselnd			
Nasturan*) $UO_{2,17-2,33}$ (I) $UO_{2,33-2,62}$ (II) $UO_{2,62-2,70}$ (III)	von pechschwarz bis bräunlich	von glänz. schwarz bis gelb-braun grünlich	pechgl. bis glasglänz.	5 bis 9 um 4 6,5–4,8 4–3 unter 4,8	kub. (amorph.)	Haupts. hydrotherm. Gänge. Auch in sediment. Lagerstätten	häufig	51,46–59,30 24,83–51,79 27,30–30,20	22,33–26,28 26,87–50,18 50,29–54,82	Sp. bis 1 Sp. bis 1 Sp. bis 1	
Uranschwärze) $UO_{2,70-2,92}$ (IV)			matt	4–1 unter 4,8		Oxydationsprozesse bzw. Reduktionsprozesse		5,80–11,90	42,74–66,55		
Torbernit $Cu(UO_2)_2(PO_4)_2$ $12H_2O$	zwiebelgr. smaragdgr. seltener apfelgrün	blaßgrün	glasglänz. perlmutt. diamantgl.	2–2,5 3.22–3.6	tetr.	Sekundär in hydrothermalen Gängen	Als sekund. Mineral häufig		57,0		
Thucholit Kohlenwasserstoffe mit U, Th, Selt. Erden u. a.	schwarz pechschwarz	braunschwarz	pechglänz.	3,5–4 1,5–2		Pegmatite hydroth. (?) und in sedim. Lagerstätten, auch in Seifen (?)	nicht selten	U_3O_8 von 1% bis 53,3% (i. d. Asche) im Mineral 1–8% U_3O_8		0,54 bis 48,48 (in der Asche)	
Tujamunit $Ca(UO_2)_2(VO_4)_2$ $8H_2O$	zitr.-gelb, gelb mit orange, grünl. u. bräunl. Tönungen	hellgelb	matt perlmutt glasglänz.	1–2 3,41–3,67	rh	Sekundär in sediment-Lagerstätten (meist sand. u. kalkige)	häufig		52,22–63,12		
Uraninit*) I: $UO_{2,17-2,33}$ II: $UO_{2,33-2,63}$ III: $UO_{2,62-2,70}$ IV: $UO_{2,70-2,92}$	(im reflekt. Licht) hellgrau grau m. bräunl. Ton Braungrau Sonst tiefschwarz	schwarz braunschwarz	pechglänz. fettglänz.	6–7 6,5–10,63		Pegmatite hydroth. Gänge. Auch in sediment. Lagerstätten und Seifen	häufig	58,56–74,43 31,58–49,35 16,19–37,80 6,15	16,08–25,26 23,18–50,83 28,03–54,59 59,89	von 0,10 bis 3,63	
Uranophan $CaU_2[(OH)_3SiO_4]$ $4H_3O$	strohgelb	hellgelb	glasglänz. mattglänz. seidig	2–3 3,81–3,96	rh	Sekund. Umwandlungsprodukt häufig in hydrotherm. u. pegmat. Lagerstätten, in Graniten	In der Oxydat.-zone häufig		60,14–67,03		
Uranotil $Ca(UO_2)_2$ Si_2O_6 $(OH)_2 \cdot {}_{5,5}H_2O$	zitr.-gelb orangegelb	hellgelb	glasglanz	4–5 3,96	mkl.	Sek. Umwandlungsprodukt von Uraninit u. Nasturan	In der Oxydat. zone häufig	etwa wie Uranophan			

*) UO_2 und UO_3 können künstlich hergestellt werden, in der Natur werden sie nicht angetroffen. Das Molekularverhältnis von UO_2 zu UO_3 verändert sich in den natürlichen Kristallen von 0,05 bis 5. Zur Vereinfachung der Bezeichnung der natürlichen Reihe von UO_2 bis UO_3 wird der Sauerstoffkoeffizient herangezogen, d. i. der Wert des atomaren Verhältnisses von Sauerstoff zu Uran. Die allgemeine Formel wird dann zu UO_x, wo x für die bekannten natürlichen Glieder der Reihe einen Wert von 2,17–2,92 annimmt. X wird nach der chemischen Analyse des Minerals berechnet. Angenommen sie habe ergeben: UO_2=40,50%, UO_3 = 45,76%. Die empirische Formel des Minerals würde in diesem Falle 15 UO_2 · 16 UO_3 sein. Im Mineral sind folglich 15 · 2 + 16 · 3 = 78 Atome Sauerstoff mit dem Uran verbunden, und zwar mit 16 + 15 = 31 Atomen. Der Sauerstoffkoeffizient x ist dann 78/31 = 2,516. Abhängig davon, wieviel Dezimalen berechnet wurden, wird der Sauerstoffkoeffizient mit $UO_{2,5}$ oder $UO_{2,51}$ oder $UO_{2,516}$ angegeben.

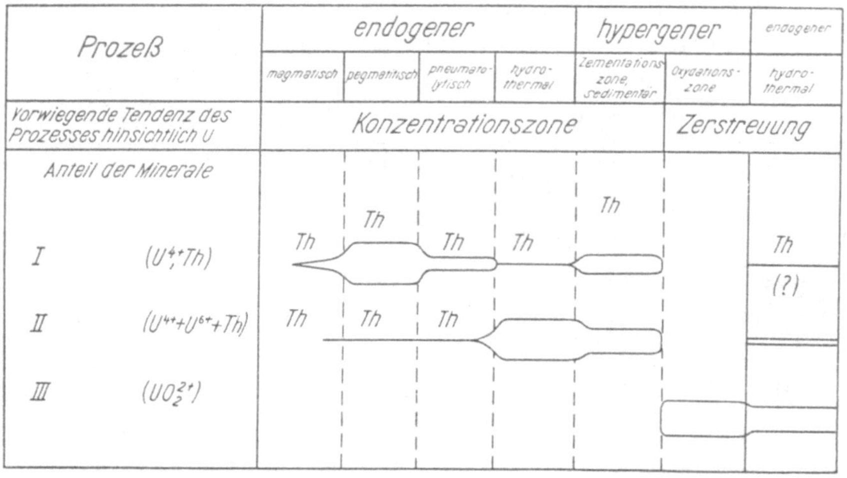

Abb. 2. Orientierungsmäßige quantitative Verteilung der Uranminerale der verschiedenen Klassen nach ihrer Genesis geordnet. (Nach MELKOW 1957)

lich, welche als radiochemische Methode der radiometrischen meist zugeordnet wird. Die Analyse besteht aus

aa) der chemischen Bearbeitung der Probe und

bb) der Radio-Emanationsmessung der erhaltenen Salze.

2. Die Lumineszenzmethode

stützt sich auf die Tatsache, daß sich alle Uranminerale mit Natriumfluorid zu einer Perle schmelzen lassen, welche im ultravioletten Licht ($\lambda = 300-400\ \mu$) in gelbgrünlichen Farben lumineszieren[5]).

Auf diese Weise ist es möglich, sehr geringe Metallmengen (bis zu $5 \cdot 10^{-4}$ %) schnell festzustellen, ungefähr ihre Menge anzugeben und die Art der Radioaktivität zu erkennen. (Die Menge wird durch Vergleich mit geeichten Perlen bestimmter Gehalte festgestellt.) Wenn allerdings der Urangehalt über 20–30% liegt, ist das zu untersuchende Erz zweckmäßigerweise zu verdünnen: die erhaltene Perle wird zerkleinert und 0,5 mg dieses Pulvers zu einer neuen Perle geschmolzen. (Bei Niobgehalten ist die Mengenbestimmung stark erschwert, praktisch unmöglich.) Erschwerend wirken ferner Mangan- und Eisenbeimengungen, deren Anwesenheit durch blaue bzw. grüngraue oder bräunliche „löschende" Lumineszenz angekündigt wird.

Bei den sekundären Mineralen oder Mineralen mit sehr geringen Urangehalten ist der kurze Wellenbereich ($\lambda = 200-300\ \mu$) vorzuziehen, obwohl auf dieser auch solche Minerale wie Topas, Calcit, Apatit, Scheelit u. a. reagieren.

Für die Lumineszenzanalyse im Bereich der großen Wellen ($\lambda = 300-400\ \mu$) sind Klassifikationstabellen der Uranminerale aufgestellt worden (MELKOW 1957). Sie beruhen auf folgenden Klassifikationsprinzipien:

1. Die Intensität der Lumineszenz
2. Der Typ der Fotolumineszenz
3. Das Spektrum der Lumineszenz.

[5]) In der deutschen Literatur wird diese Erscheinung gewöhnlich mit „Fluoreszieren" bezeichnet (s. H. MEIXNER 1939, ZESCHKE 1956b und andere).

Lumineszenz – Selbst- oder Eigenleuchten – beruht auf der Wechselwirkung zwischen Licht- und Materieteilchen. Wenn Materieteilchen (z. B. Elektronen) durch Anregung in Form von Lichtstrahlung, Wärmezufuhr, Druck u. a. höhere Energien erhalten, so können sie diese unter Aussendung von Lichtquanten während verschieden langer Zeitabschnitte wieder abgeben. Hält das Eigenleuchten nach der Anregung noch längere Zeit an, so bezeichnet man diese Erscheinung als Phosphoreszenz, andernfalls als Fluoreszenz (s. auch LEVERENZ 1950). Da die Lumineszenz bei den Uranmineralen praktisch mit der Anregung aufhört, ist diese Eigenart eines ihrer Unterscheidungsmerkmale; die deutsche Bezeichnung ist n. M. des Referenten exakter.

Die Bestrahlung des Untersuchungsobjekts erfolgt durch eine Quarz-Quecksilber-Lampe bei Einschaltung eines Lichtfilters[6]). Dabei hat die Bestrahlung im Dunkeln zu erfolgen, ist das Untersuchungsobjekt durch Abblasen von Staub zu befreien und sind Standardobjekte zum Vergleich der Farbe und Intensität bereit zu halten.

In der Sowjetunion hat der Klassifikationsvorschlag MELKOWs für die Fotolumineszenz der Uranminerale weitgehende Zustimmung gefunden. Er unterscheidet 7 Gruppen:

1. Sehr starkes blaugrünes Lum. (des Typs Schröckingerit)
2. Starkes blaugrün. Lumineszieren (des Typs Schröckingerit)
   Starkes gelbgrünes Lumineszieren (des Typs Autunit)
3. Mäßiges gelbgrünes Lumineszieren (des Typs Autunit)
   Mäßiges gelbes Lumineszieren
4. Schwaches blaugrünes Lumin. (des Typs Schröckingerit)
   Schwaches gelbgrünes Lumineszieren (des Typs Autunit)
   Schwaches braungelbes Lumineszieren
5. Sehr schwaches schmutz.-gelbgrün. Lum. (d. T. Uranophan)
6. Nicht lumineszierende Minerale
7. Ungeklärtes Verhalten der Minerale hins. der Lumineszenz

Nach übereinstimmender Mitteilung zahlreicher Autoren – sowjetischer und nichtsowjetischer – können mit Hilfe der Lumineszenzmethode im Gestein die kleinsten Einsprenglinge lumineszierender Uranminerale festgestellt werden, die mit unbewaffnetem Auge überhaupt nicht erkennbar sind.

3. Die Makroradiographie

nutzt die Eigenschaft der radioaktiven Minerale aus, die fotographische Emulsion der Platten oder Filme zu „belichten". Wenn derartige Filme im Dunkeln in direktem Kontakt mit den radioaktiven Mineralen gewesen waren (am besten nachdem sie, d. h. die Stufe, vorher poliert oder angeschliffen wurden), zeigen sie nach dem Entwickeln des Fotomaterials eine Schwärzung. Die „Belichtungzeit" liegt zwischen 4 Stunden und 15 Tagen. Sie hängt ab

a) vom Gehalt an radioaktiver Substanz,

b) von der Empfindlichkeit der benutzten Filme (die wie üblich entwickelt werden).

Wenn das Untersuchungsmaterial in Pulverform vorliegt, wird es im Dunkeln auf die Fotoplatte gestreut und der Pulverschicht (z. B. mit einem Messer) eine gleichmäßige Dicke gegeben. Wenn einzelne Körner untersucht werden sollen, kann man sie mit gewöhnlichem Büroleim auf der Platte festkleben.

4. Die Mikroradiographie

arbeitet mit Spezialplatten mit besonders dicker Emulsionsschicht. Die „belichtete" und entwickelte Platte wird unter dem Mikroskop studiert (60–100fache Vergrößerung), die Menge der Alphateilchen und ihr Charakter bestimmt.

[6]) Über die Durchführung dieser Untersuchungen siehe auch ZESCHKE (1956b) und H. MEIXNER (1939).

Die quantitative Bestimmung wird bei etwa 400- bis 500facher Vergrößerung durchgeführt: es werden die Spuren der Alphateilchen pro Flächeneinheit gezählt. Dabei können sich Abweichungen zur chemischen Analyse bis zu $\pm$ 20% ergeben. Die Anzahl der Teilchen und der Charakter ihrer Spuren lassen den radioaktiven Ursprung dieser Teilchen erkennen: Uran liefert z. B. stets Spurenlängen von 40 μ. Für Thorium sind sie länger.

5. Die Abdruckmethode

beruht auf der Tatsache, daß bei der Reaktion der gelösten Uranylsalze mit dem fotographischen Entwickler ein unlösliches Salz erhalten werden kann. Eine 5%ige Lösung von $K_4[Fe(CN)_6]$ gibt zusammen mit dem Uranylnitrat $UO_2(NO_3)_2$ das in Wasser unlösliche rotbraune Salz $K_2UO_2[Fe(CN)_6]$, das auf dem vom Bromsilber befreiten Fotopapier, einfachen Zeichenpapier oder Filterpapier aufgefangen werden kann.

Die Stufe wird z. B. in ein mit $K_4[Fe(CN)_6]$-Lösung getränktes Filterpapier fest eingewickelt, 2—3 Minuten so belassen, dann wird das Papier (ohne es auseinanderzuwickeln) mit Entwickler betropft. Sich bildende rotbraune Flecken zeigen die Stellen des Handstückes an, welche Uranminerale enthalten.

Oder: Foto- oder Filterpapier wird in Salz- oder Stickstoffsäure angefeuchtet, nach etwa einer Minute wird der Säureüberfluß mit Filter entfernt. Auf die feuchte Oberfläche des Papiers wird nun der Anschliff etwa 1—3 Minuten mit der Hand oder einer Presse fest angedrückt. Wenn dann das Papier mit 5%igem $K_4[Fe(CN)_6]$ entwickelt wird, bilden sich rotbraune Abdrucke, welche die Konturen der Uranminerale genau wiedergeben.

Störend wirken Molybdän und Kupfer, die ähnliche farbige Abdrucke geben. Molybdän kann im Abdruck beseitigt werden (indem es mit 20%igem CH_3COONa gewaschen wird), so daß nur noch Uran bleibt. Kupfer unterscheidet sich etwas durch die Farbe des Abdruckes: es hat violettrosa Tönungen. Das Kupfer im Chalkopyrit gibt keinen Abdruck, da es von der Stickstoffsäure nicht gelöst wird. Zur Kontrolle kann man den Abdruck mit 5%igem kaustischem Soda waschen, wodurch die Kupferabdrücke blau werden, Uran jedoch sich nicht ändert.

6. Eine weitere Methode

ist die qualitative mikrochemische Reaktion (Tüpfelmethode), auf welche hier nicht eingegangen wird, da sie in anderem Zusammenhang in dieser Zeitschrift dargelegt wird[7]). Ebenso werden solche bekannte Untersuchungsmethoden wie erzmikroskopische, röntgenspektralanalytische, thermoanalytische usw. hier nicht berührt.

IV. Uranvorkommen und Uranlagerstätten

Die notwendige Unterscheidung zwischen Mineralvorkommen und Minerallagerstätten, auf die bereits wiederholt hingewiesen wurde (STAMMBERGER 1956), erhält für Uran ganz besondere Bedeutung.

Uran ist ein relativ verbreitetes Element. Nach WASHINGTON macht es im Durchschnitt 0,0004% der Erdrinde aus. Sein Anteil liegt in sauren Gesteinen bedeutend höher (im Granit z. B. bis zu 0,0009%), in den ultrabasischen Gesteinen dagegen niedriger (Dunite 0,00014%; Eklogite 0,0001%).

Uran ist also etwa ein genau so verbreitetes Element wie Quecksilber, Arsen, Wolfram, Zinn und Molybdän. Einzelne Forscher schreiben ihm sogar eine gleichgroße Verbreitung wie Blei und Zink zu (WERNADSKIJ).

Andererseits liegen infolge der außerordentlich geringen Konzentrationen des Urans die industriellen (bauwürdigen) Mindestgehalte dieses Metalls sehr niedrig. Sie werden stark von der Größe der Lagerstätten beeinflußt.

Obwohl bisher hierüber keine genauen Daten bekannt wurden, kann begründet gefolgert werden, daß unter kapitalistischen Produktionsverhältnissen etwa folgende Größen den beigegebenen Termini entsprechen:

Einige Dutzend Tonnen Metall — Kleinstlagerstätten
Ein- bis zweihundert Tonnen Metall — Kleinlagerstätten
Bis zu tausend Tonnen Metall — mittlere Lagerstätten
Einige Tausend Tonnen Metall — große Lagerstätten
Viele Tausend Tonnen Metall — Riesenlagerstätten.

Wenn von diesen Größenverhältnissen ausgegangen wird, kann für jeden Lagerstättentyp ein orientierungsmäßiger industrieller Minimalgehalt genannt werden. ZESCHKE (1956a) teilt z. B. folgende Ziffern mit, die auch mit bekanntgewordenen Daten aus anderen Quellen übereinstimmen:

Kleinstlagerstätten	ab 5 % U_3O_8
Kleinlagerstätten	ab 2 %
mittlere Lagerstätten	ab 0,3%
große Lagerstätten	0,1%.

In Riesenlagerstätten, z. B. des sedimentären Typs, werden Vorräte ab 0,05% U_3O_8 berechnet. Als Nebenprodukt der Gewinnung eines anderen Hauptproduktes (z. B. Gold) werden Uranerze ab 0,01% U_3O_8 verarbeitet. (1% Uran entspricht etwa 1,18% U_3O_8.) Wenn dieser letzte Gehalt (0,01%) mit einzelnen Urangehalten in Granitmassiven (z. B. 0,0009%) verglichen wird, so zeigt sich, daß der heutige industrielle Mindestgehalt nur etwa 20 Clarke über diesen liegt. Daher ist es zweckmäßig, den Begriff Uran„vorkommen" nur auf solche Metallkonzentrationen anzuwenden, welche lediglich geologisch-mineralogisch interessant sind, jedoch gegenwärtig und in nächster Zukunft keine wirtschaftliche Bedeutung besitzen. Als Uran„lagerstätten" sollten ausschließlich wirtschaftlich interessante Metallkonzentrationen bezeichnet werden, d. h. solche, welche heute oder in nächster Zukunft genutzt werden können.

Da Wissenschaft und Technik auch in der Uranindustrie daran arbeiten, den wirtschaftlich verarbeitbaren Uranmindestgehalt weiter zu senken, ist es ferner zweckmäßig, in Anlehnung an den Vorschlag von BLONDEL und LASKY (1956) bei Uran jetzt schon zwischen *Vorräten* und *Ressourcen* zu unterscheiden. Es wird vorgeschlagen, als Uranvorräte nur solche Metallmengen in Lagerstätten zu bezeichnen, welche durch geologisch-geophysikalische Arbeiten festgestellt wurden, berechnet werden können und zum gegenwärtigen Zeitpunkt den Ansprüchen der fördernden und verarbeitenden Industrie entsprechen (d. h. nur sogen. Bilanzvorräte der DDR-Vorratsklassifikation 1956).

Die Uranressourcen dagegen sollten sowohl die berechneten Bilanzvorräte und Außerbilanzvorräte als auch die geschätzten prognostischen Vorräte umfassen. Dabei ist auch für die Ressourcen eine begründete untere

[7]) Siehe JUSCHKO in Z. f. a. G. 1958.

Grenze festzulegen, welche zu erwartende zukünftige Fortschritte sowohl in der Erzgewinnung als auch Erzverarbeitung zu berücksichtigen hätte.

Hinsichtlich der prognostischen Vorräte, die für die Perspektivplanung der Energiewirtschaft große Bedeutung besitzen, stoßen wir hierbei auf sehr ernste Schwierigkeiten. Es fragt sich z. B., ob derartigen Schätzungen die Auffassungen amerikanischer Wissenschaftler zugrunde gelegt werden können, welche für das Jahr 2000 damit rechnen, daß der Uranminimalgehalt bis auf den Durchschnittsgehalt an Uran in den Graniten absinken wird, d. h. ganze Granitmassive als zukünftige Uranlagerstätten ansehen.

Wenn die Schätzung der eigenen Uranressourcen schwierig ist, so vervielfältigen sich die Schwierigkeiten bei solchen Schätzungen für andere Länder. Obwohl einzelne Stufenanalysen für viele Lagerstätten bekannt sind, über die gegenwärtig weder Größe noch Durchschnittsgehalt bekannt gegeben werden, fehlt doch in der Regel jeder Anhaltspunkt für die mengenmäßige Verteilung der einzelnen Erzsorten (Gehalte). Für die noch nicht in Abbau stehenden Lagerstätten werden entsprechende Unterlagen entweder nicht veröffentlicht oder — wenn sie bekanntgegeben werden — verdienen sie wenig Vertrauen, weil sie mehr auf den Wirtschaftsteil der Zeitungen abgestimmt sind als für wissenschaftliche Bearbeitung. Heute kann lediglich festgehalten werden, daß in den letzten Jahren neben den traditionellen Uranerzlieferanten (Belgisch-Kongo, Kanada, USA, ČSR, Portugal) Uranvorkommen und Uranlagerstätten in England, Frankreich, Norwegen, Schweden, Deutschland, Grönland, Mexiko, Madagaskar, Japan, Australien (Abb. 3) und anderen Ländern festgestellt wurden. Es wird eine Aufgabe noch durchzuführender Erhebungen sein, die perspektivische Versorgtheit der einzelnen Länder mit Uranerzen zu bestimmen. (Thorium und vor allem die bekannten Monazitsande blieben infolge der thematischen Beschränkung auf Uran hier unberücksichtigt.)

Die beinahe universelle Verbreitung des Urans erleichtert zweifellos das Auffinden seiner Minerale und die Entdeckung von Uranvorkommen. Die außerordentlich disperse Verteilung des Urans erschwert jedoch die Entdeckung wirtschaftlich interessanter Vorkommen, d. h. von Lagerstätten. Die relativ niedrige Mindestgrenze der bauwürdigen Gehalte und ihre Nähe zum geochemischen Hintergrund in höffigen Gebieten erhöhen die Schwierigkeiten des Aufsuchens und der Entdeckung neuer Lagerstätten, d. h. ihre Unterscheidung von nichtbauwürdigen Vorkommen.

Diese Schwierigkeiten können gemildert werden durch die Kenntnis der Lagerstättenverhältnisse der wichtigsten, bisher bekannt gewordenen Lagerstätten und durch die Anwendung einer geeigneten Systematik und Methodik bei der Durchführung der geologischen Erkundung. Beide Faktoren haben außer den allgemeinen lagerstättenkundlichen Erkenntnissen für den auf Uran arbeitenden Geologen die größte Bedeutung.

„Die Geologie der Uranlagerstätten der kapitalistischen Länder" von W. S. DOMAREW (redigiert von E. M. JANISCHEWSKIJ) vermittelt im wesentlichen in gedrängter Form die Kenntnis der geologischen Verhältnisse der bekanntesten Lagerstätten in der kapitalistischen Welt.

„Das Aufsuchen von Uranlagerstätten" von W. G. MELKOW und L. TSCH. PUCHALSKIJ und unter Mitarbeit und Redaktion von E. M. JANISCHEWSKIJ behandelt die Grundlagen der Mineralogie und Geologie von Uranlagerstätten sowie die Suchmethoden auf Uran bei bevorzugter Behandlung — im letzten Teil — der radiometrischen Methoden und Emanationsaufnahmen.

„Die Uranminerale" von M. W. SOBOLEWA und I. A. PUDOWKINA (Redaktion von W. I. GERASIMOWSKIJ) sind ein Nachschlagewerk für Praktiker und Studierende, dem ein instruktives Kapitel über die besonderen mineralogischen Untersuchungsverfahren von Uranmineralen vorangestellt worden ist.

Diese drei sowjetischen Neuerscheinungen können in ihrer Gesamtheit als „kleine Uranbibliothek" des Erkundungsgeologen bezeichnet werden. Eine Ergänzung dieser Werke wäre allerdings in folgender Richtung erwünscht:

1. DOMAREW behandelt nur die Uranerzlagerstätten der kapitalistischen Länder. Es wäre zu begrüßen, wenn dem Geologen auch die geologisch-mineralogischen Grundzüge der Lagerstätten der sozialistischen Länder bekanntgegeben würden, und in erster Linie die sorgfältig erforschten Lagerstätten der Sowjetunion, der ČSR und der DDR.

2. DOMAREW hat für seine Arbeit noch nicht die zahlreichen Referate (95 aus 17 Ländern) auswerten können, die in Genf 1955 vorgelegt wurden. Auf sie wurde in Einzelfällen vom Referenten verwiesen. Zweifellos verdienen diese Arbeiten die größte Beachtung.

3. Nach der Kollektivarbeit „Das Aufsuchen von Uranlagerstätten" müßte noch die Methodik der geologischen Erkundung von Uranerzlagerstätten geschrieben werden. Das vorliegende diesbezügliche Material ist leider noch sehr fragmentarisch. Es ist zu hoffen, daß die sowjetischen Lagerstättenkundler, die — international gesehen — über die größte Erfahrung verfügen, diesen Wunsch in absehbarer Zeit erfüllen werden.

V. Die Klassifizierung von Uranlagerstätten

Die Bildung von Uranlagerstätten, d. h. die Entstehung wirtschaftlich interessanter Konzentrationen von Uranmineralen ist von einer Reihe geologisch-geochemischer Faktoren abhängig. Die amerikanischen Geologen unterstreichen gern die geochemische Seite des Prozesses. Die deutschen Geologen stellen mit Vorliebe die tektonischen Zusammenhänge heraus. Im Grunde handelt es sich um geochemische Prozesse, die wesentlich durch orogene Ereignisse ausgelöst und gesteuert werden. Sie könnten auch für Uran durch den bekannten dreiphasigen Zyklus „Magmatismus — Verwitterung und Sedimentation — Metamorphismus" ausgedrückt werden, wobei offensichtlich in jeder Phase bestimmte Konzentrationen (Lagerstättentypen) entstehen können (Abb. 4). Es liegt nahe, diese Phasen auch als Ausgangspunkt für eine Gruppierung der Uranlagerstätten zu nehmen. Ebensooft werden jedoch auch andere Gesichtspunkte für diesen Zweck herangezogen, z. B. die Vererzung kontrollierende Faktoren, Mineralparagenesen u. a.

Recht verbreitet ist z. B. in den USA die Zweiteilung:

a) „with structur control", d. h. Lagerstätten, die genetisch an Strukturen (Gänge, pipes u. a.) gebunden sind bzw. eine Verbindung zu diesen vermuten lassen (Breccien, Pegmatite u. a.).

b) „with stratigrafic control“, d. h. an stratigraphische Horizonte, Schichten u. ä. gebundene Lagerstätten und Vorkommen (z. B. Uran in Phosphor-, Kohlen-, Schiefer- u. a. Lagerstätten sowie in Seifen).

Diese Einteilung ist zwar denkbar einfach, hat jedoch den unbestreitbaren Nachteil, daß sie bei der Suche nach neuen Lagerstätten dem Geologen keine Hinweise gibt.

MAGAKJAN (1955a) unterscheidet vier genetische Typen der Uranlagerstätten:

1. Uranhaltige Granit-Pegmatite (geringe wirtschaftliche Bedeutung),
2. Hydrothermale Lagerstätten (vier Formationen, welche zusammen — nach MAGAKJAN — nicht weniger als 80% der Weltförderung an Uran liefern),
3. Infiltrationslagerstätten vom Typ der Carnotitlagerstätten in Colorado (welche er für zweitrangig hinsichtlich ihrer Bedeutung hält),
4. Vanadium- und uranführende Schiefer vom Typ des bituminösen Alaunschiefers in Schweden (gegenwärtig ebenfalls zweitrangig, jedoch nach MAGAKJAN mit sehr großen Perspektiven schon für die nächste Zukunft).

Dieser Vorschlag ist unvollständig, erfaßt nicht alle in der Natur vorkommenden Lagerstättentypen. Das gleiche kann über den ausgesprochen formalen Vorschlag KERRs (1955) gesagt werden, in dem folgende Lagerstättentypen unterschieden werden:

1. Lagerstätten, die sich aus heißen Fluiden gebildet haben (pegmatitische),
2. Alte Uranmineralisation (Gänge),
3. Junge Uranmineralisation (Gänge),
4. Uran in alten Sedimentgesteinen,
5. Uranlagerstätten in normalen Sedimentgesteinen.

Die Bildung von Uranlagerstätten verbindet er mit dem Schmelzfluß, heißen Fluiden, dem Grundwasser, Oberflächenwässern, dem Meerwasser, Ablagerungen vulkanischer Aschen, durch die Erosion angeschnittenen Lagerstätten.

ZESCHKE (1956a) unterscheidet[8]) fünf „Vorkommentypen“:

a) dispers in Gesteinen,
b) in der pegmatitisch-pneumatolitischen Phase,
c) in der hydrothermalen Phase,
d) in Sedimentlagerstätten,
e) in Wässern.

Bei den sedimentären Lagerstätten trifft er folgende Unterteilung:

1. mechanisch-sedimentäre Lagerstätten (Seifen),
2. aride Konzentrationslagerstätten, eventuell mit hydrothermaler Uranzufuhr,
3. chemisch-sedimentäre Lagerstätten,
4. Lagerstätten, entstanden unter Mitwirkung von Organismen.

Praktisch unterscheidet er nur sechs Typen, da der Vorkommentyp *a* (dispers in Gesteinen) „äußerst selten“ und der Typ *e* (in Wässern) für die Urangewinnung bedeutungslos ist.

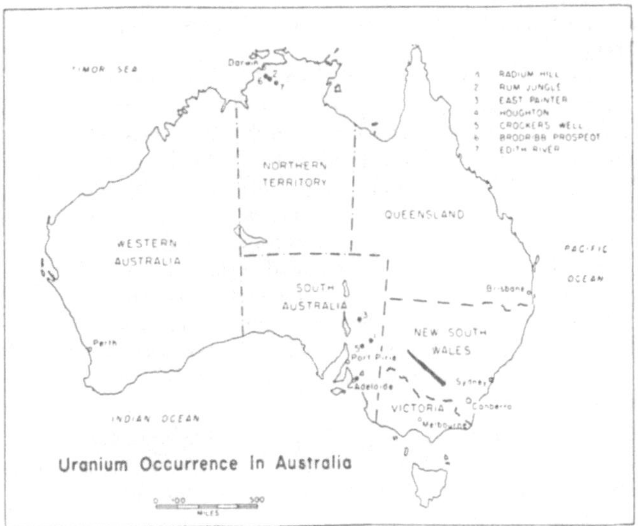

Abb. 3. Die Uranlagerstätten Australiens. (Nach N. H. FISHER und C. J. SULLIVAN 1954.)

WATZNAUER (1957) unterscheidet primäre und sekundäre Urananreicherungen. Zur ersten Gruppe gehören:

Uran-Thorium-Anreicherungen in Akzessorien[9]),
Urananreicherungen in Pegmatiten,
Urananreicherungen in hydrothermalen Gängen.

Zur zweiten Gruppe:

Urananreicherungen durch Infiltration und Absorption,
Urananreicherungen unter Mitwirkung von Organismen.

Bemerkenswert sind außerdem die Lagerstättengruppierungen KONSTANTINOWS (1955), MAGAKJANs (1955b) u. a. Alle diese Vorschläge lassen deutlich erkennen, daß ihre Lücken und Mängel unseren noch unzureichenden Kenntnissen über die Uranlagerstätten geschuldet sind. (Noch deutlicher wird das durch die abweichenden Auffassungen über die Genesis der einzelnen Lagerstätten selbst.) Jeder dieser Vorschläge hat derzeit um so größere Aussichten auf allgemeine Anerkennung, je allgemeiner er gehalten ist und die geologisch-geochemischen Faktoren berücksichtigt, welche die Mineralkonzentrationen herbeiführen.

Der DOMAREWsche Vorschlag kommt in seiner allgemeinen Fassung diesen Forderungen weit entgegen:

1. Endogene Lagerstätten
   a) magmatische
   b) pegmatitische
   c) hydrothermale
2. Exogene Lagerstätten
   a) Verwitterungslagerstätten
   b) Sedimentäre Lagerstätten
3. Metamorphisierte Lagerstätten.

In dieser Gruppierung fehlt der von den deutschen Geologen unterstrichene organogene Typ. Er enthält dagegen einen — den metamorphisierten — Typ, der nur im Vorschlag KONSTANTINOWs enthalten ist. DOMAREW begründet ausführlich die Notwendigkeit seiner dritten Gruppe. Die nichtsowjetischen Geologen leugnen keineswegs den Einfluß metamorpher Prozesse auf einzelne Lagerstätten, ordnen diese jedoch nach ihrer Genesis ein. Die amerikanischen Geologen sehen diese

[8]) Er erwähnt, daß ihn insbesondere CHUDOBA, SCHNEIDERHÖHN und SCHUHMACHER mit ihrem Rat unterstützten.

[9]) Da allerdings in der Regel nur die Zersatzprodukte solcher Gesteine bauwürdige Konzentrationen ergeben, sollten sie wohl besser als Verwitterungslagerstätten in der zweiten Gruppe erscheinen.

Gruppe vor, ohne ihr heute bereits Lagerstätten zuzuteilen.

Gegenwärtig ist das Verhalten der Uranminerale während metamorpher Prozesse noch völlig unzureichend erforscht. Natürlich kann man mit DOMAREW annehmen, daß bei ihrer großen Mobilität in hydrothermalen Prozessen und unter Oberflächenverhältnissen sich die Uranminerale auch bei metamorphen Prozessen nicht steril verhalten. Eine solche Annahme ist jedoch gegenwärtig nicht mehr als eine recht wahrscheinliche Hypothese. Infolge fehlenden Tatsachenmaterials dürfte die Zuweisung einzelner Lagerstätten zur dritten Gruppe heute noch verfrüht sein, zumal in solchen Fällen zu unterscheiden wäre zwischen (s. BETECHTIN 1957):

a) metamorphisierten Lagerstätten, d. h. Lagerstätten, die vor Eintritt der Metamorphose bereits existierten (nur solche beschreibt DOMAREW in seiner dritten Gruppe),

b) metamorphe Lagerstätten, die erst durch die Metamorphose entstanden sind.

Trotz der gemachten Vorbehalte wird nachfolgend die Beschreibung einzelner Lagerstätten nach der DOMAREWschen Gruppierung gegeben (auch deshalb, weil es sich hier u. a. um ein Referat seines Buches handelt).

*

Heute haben die magmatischen Lagerstätten so gut wie keine Bedeutung. DOMAREW erwähnt auch nur den bekannten, Pyrochlor führenden Granitkomplex in Nord-Nigeria (Britisch-Westafrika), Provinz Kano. Das Gestein soll einen Durchschnittsgehalt von 0,012% U_3O_8 und 0,26 NbO_2 haben. Für die angegebene flächenhafte Verbreitung von rund 80 Hektar (KOHL 1954) sind weder die Vorräte berechnet — angeblich viele Millionen Tonnen —, noch ist die Technologie einer wirtschaftlichen Verarbeitung des Rohstoffes zwecks Gewinnung des Urans sowie des Niobs gelöst. Ähnliche Gesteinskomplexe, welche als Uranlagerstätten angesehen werden könnten, sind aus anderen Ländern bisher nicht bekannt geworden, obwohl ihr Auffinden natürlich keineswegs ausgeschlossen ist.

DOMAREW und KERR (1955) kommen zum gleichen Schluß, daß wirtschaftlich interessante Konzentrationen dieses Typus gegenwärtig noch nicht vorliegen.

In diesem Zusammenhang haben Untersuchungen amerikanischer Geologen Bedeutung, über die im Referat

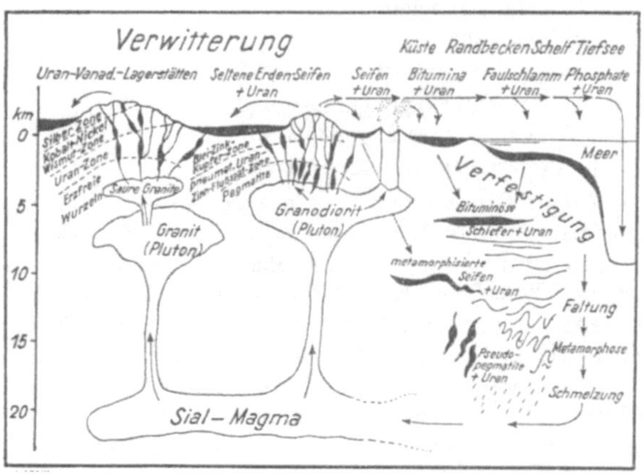

Abb. 4. Der Kreislauf des Urans und dessen Lagerstätten. (Nach G. ZESCHKE-SCHNEIDERHÖHN 1956)

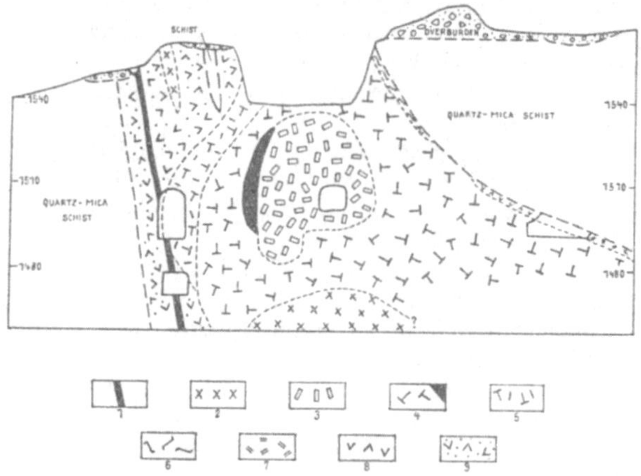

Abb. 5. Schnitt durch die Uranpegmatitlagerstätte Ruggles (Grafton, N. H.). (Nach L. R. PAGE 1950)

1 — basischer Gesteinsgang; 2 — Quarz; 3 — Perthitpegmatit; 4 — Perthit-Quarz-Plagioklas-Pegmatit (schwarz - uranführende Partien); 5 — serizitisierter Perthit-Plagioklas-Quarz-Pegmatit; 6 — Perthit-Quarz-Biotit-Pegmatit; 7 — Muskovit-Quarz-Plagioklas-Pegmatit; 8 — Pegmatit mit Plagioklastafeln; 9 — feinkörniger Pegmatit der äußeren Zone

Nr. 19 in Genf (1955) mitgeteilt wurde. E. S. LARSEN, J. G. PHAIR, D. GOTTFRIED und W. L. SMITH stellten fest, daß fast bei allen untersuchten plutonischen Serien in den jüngsten Gliedern die größte Urankonzentration vorlag. Die Gehaltsveränderungen in aufeinanderfolgenden Gliedern einer Serie sind jedoch weniger gesetzmäßig als die anderer Komponenten. In Gesteinen, für die die Kristallisationsdifferentiation als entscheidenden Einfluß ausübender Faktor angesehen werden konnte, waren die jüngeren SiO_2- und K_2O-reicheren und CaO- und MgO-ärmeren Gesteine zugleich uranreicher. Die größten Urangehalte wurden in äußerst CaO-armen Gesteinen angetroffen. (Allerdings bedarf dieses Problem nach Meinung der amerikanischen Geologen noch der weiteren Klärung.) Ihre Untersuchungen ergaben ferner, daß von allen radioaktiven Komponenten eines Gesteins Uran am leichtesten ausgelaugt wird (im Experiment durch verdünnte Salzsäure).

VI. Pegmatitische Uranlagerstätten

Uranführende Minerale sind im allgemeinen in Pegmatitkörpern nicht selten. Wenn die vorliegenden Unterlagen die Situation objektiv widerspiegeln, so sind derartige Pegmatite am verbreitetsten in präkambrischen Massiven. Sie finden sich in Graniten, Syeniten, Granodioriten u. a. und treten recht einheitlich auf. Mit A. E. FERSMAN kann man die uranführenden Pegmatite einteilen in

1. Pegmatite seltener Metalle
2. Muskovit-Pegmatite
3. Lithium-Pegmatite.

Pegmatitkörper haben meist linsenartige (oft einem riesigen Tropfen vergleichbar) oder gangartige Formen. Die Ausmaße der einzelnen Körper schwanken sehr stark: von einzelnen Zentimetern bis zu einundeinhalb Kilometer lang, von Millimetern bis zu hunderten Metern breit. Röhrenförmige Pegmatitkörper erreichen in Baringer Hill (Südwestafrika) z. B. im Querschnitt Flächen von etwa 35 × 65 bis 85 m. Andere in Südafrika sind dagegen in der Regel nur 0,5 × 1,0 m groß und kommen selten auf 3 × 5 m.

In pegmatitischen Körpern läßt sich nicht selten ein zonaler Aufbau erkennen (Abb. 5). Die amerikanischen Geologen unterscheiden hier:

1. eine äußere Zone (eine wenige Zentimeter mächtige feinkörnige Hülle),
2. seitliche Zonen (meist grobkörnige und bedeutend mächtiger als die äußere Zone),
3. die Zwischenzonen (es können eine und mehrere vorliegen, da sie meist lappig ausgebildet sind),
4. der Kern (hat gewöhnlich linsenförmige Gestalt und sitzt mehr oder weniger in der Mitte).

Wenn im Pegmatitkörper die Zonenstruktur fehlt, können mehrere grobkörnige, an den Kern erinnernde Linsen und Nester im Körper ungleichmäßig verteilt sein.

Uranminerale werden in verschiedenen Zonen der Pegmatitkörper angetroffen, am häufigsten sind sie jedoch — nach amerikanischen Mitteilungen — im Kern und in den Zwischenzonen. In letzteren ist dabei eine Abhängigkeit des Urangehaltes von dem bei Pegmatiten üblichen, in gesetzmäßiger Folge auftretenden Mineralparagenesen festgestellt worden. Von den USA-Geologen wurden deren elf ausgeschieden. Sie sind in Tab. 5 aufgeführt.

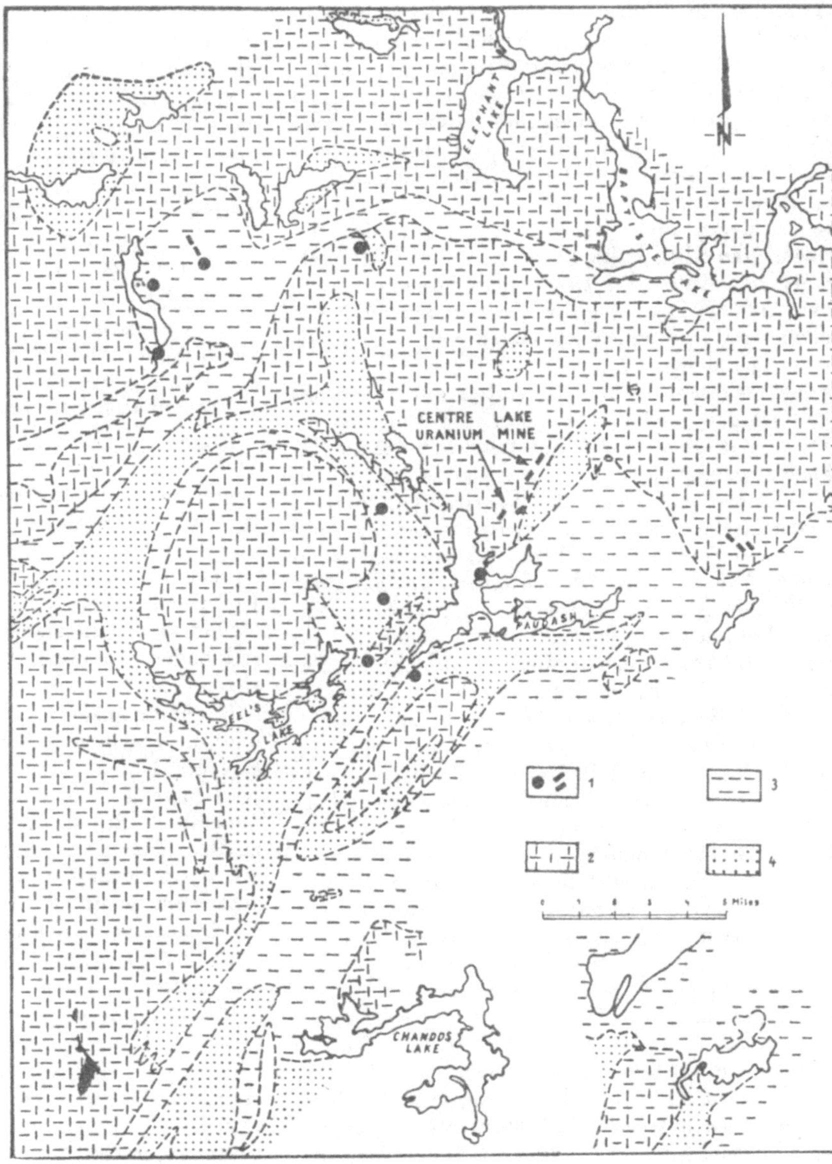

Abb. 6. Geologische Übersichtskarte des Pegmatitfeldes Bancroft (Ontario) nach J. D. BATEMAN 1955

1 — Radioaktivität; 2 — Granite, Ortho- und Paragneise, Syenite und seltener Diorite und Gabbro; 3 — Sedimentgesteine (Kalke, Dolomite, seltener Amphibolite und Paragneise); 4 — Konglomerate, Paragneise, Quarzite, Grauwacke

Nichtzonar aufgebaute Pegmatite führen Uranminerale meist dann, wenn ihr Mineralbestand und ihre Struktur den Nr. 3, 4 oder 11 entspricht. Doch selbst in den günstigsten Fällen ist die Verteilung der Uranminerale äußerst ungleichmäßig. Sie treten als winzige Einsprenglinge ebenso auf wie als hunderte Kilogramm schwere Anhäufungen. Diese Eigenart macht es in der Praxis möglich, trotz äußerst geringer Durchschnittsgehalte (nach DOMAREW tausendstel Prozent und selten hundertstel) Konzentrate gemäß den Ansprüchen der Industrie zu erhalten. Infolge der meist geringen Ausmaße und unbedeutenden Tiefenfortsetzung sind die Vorräte in Pegmatitlagerstätten in der Regel nicht groß.

Tabelle 5
Mineralassoziationen in Pegmatiten und die Uranführung

Lfd. Nr.	Charakteristische Minerale	Uranminerale
1	Plagioklas, Quarz, Muskovit	selten
2	Plagioklas, Quarz	nicht
3	Quarz, Perthit, Plagioklas, Muskovit u./o. Biotit oder ohne beide	sehr gewöhnlich
4	Perthit, Quarz	sehr gewöhnlich
5	Perthit, Quarz, Plagioklas, Amblygonit, Spodumen	gewöhnlich
6	Plagioklas, Quarz, Spodumen	nicht
7	Quarz, Spodumen	nicht
8	Lepidolith, Plagioklas, Quarz	selten
9	Quarz, Mikroklin	nicht
10	Mikroklin, Plagioklas, Lithiumglimmer, Quarz	sehr selten
11	Quarz	recht gewöhnlich

In Anbetracht ihrer relativ geringen praktischen Bedeutung kann über die pegmatitischen Lagerstätten der kapitalistischen Welt hier nur kurz berichtet werden[10]).

[10]) Bei der Beschreibung der einzelnen Lagerstätten werden nur die markantesten Einzelheiten mitgeteilt, bevorzugt solche, welche Vergleichsmaterial zu jenen Zusammenhängen liefern, denen gegenwärtig bei uns Kontrollfunktion für die Konzentration von Uranmineralen zugeschrieben wird. Ergänzungen zu den notgedrungen kurzen Hinweisen sind nicht nur bei DOMAREW, sondern auch in den angegebenen Originalarbeiten zu finden (s. Literaturverzeichnis).

Uranführende Pegmatite sind in den Pegmatitfeldern der präkambrischen Schilde Skandinaviens, Kanadas (40% aller registrierten Vorkommen sind hier Granit-Pegmatite), Brasiliens, Afrikas, Australiens und Indiens verbreitet. Außerdem sind sie aus den paläozoischen Zonen Portugals und der Appalachen (USA) bekannt. Den Pegmatiten Japans wird mesozoisches Alter zugeschrieben.

In Norwegen und Schweden handelt es sich um normale Granit-Pegmatite, die als Akzessorien Minerale der Seltenen Erden, des Urans und Thoriums führen. In den anderen Pegmatiten assoziieren sich die Uranminerale mit Feldspat, Muskovit oder Beryll, Quarz, seltener Spodumen o. a.

Auf Madagaskar, wo die Lagerstätten seit langem abgebaut werden, sind die uranführenden Minerale vor allem an K-Pegmatite und bedeutend seltener an Na-Pegmatite gebunden.

Die kanadischen Geologen zählen auch die Lagerstätten des Bezirks Bancroft zu dem pegmatitischen Typ, obwohl andere Forscher ihnen hydrothermale Genesis zusprechen (Abb. 6). Es handelt sich um uranhaltige Calcit-Fluorit-Bildungen. Die Form der Erzkörper ist unregelmäßig. Der Fluorit hat entweder eine violette oder dunkle Farbe. Außer diesen Mineralen besteht das Erz aus Feldspat, Apatit, schwarzer Hornblende, Pyroxen, Magnetit, Molybdänit, Titanit, Zirkon, Uraninit, Uranoorthit und Orthit. An einer Stelle wurde ein 2 kg schwerer Uraninitkristall im dunklen Fluorit gefunden.

Ein anderer von den kanadischen Geologen als Pegmatit bezeichneter Lagerstättentyp, der am Großen Sklaven-See und Athabasca-See verbreitet ist, ist ein von granitischem Pegmatit durchsetzter Gneis. Die Vererzung in Form feinkörnigen Uraninits ist an einen hellen Pegmatit aus hauptsächlich Quarz und Feldspat gebunden, der in enger Beziehung zu einem grob- bis mittelkörnigen Granit steht. Der Pegmatit dringt in Sedimentgesteine ein und bildet in einiger Entfernung vom Kontakt des Granits infolge feiner und feinster Injektionen gebänderte Injektionsgneise (Mächtigkeit der einzelnen Streifen bis zu 3–5 cm, welche sich zu Gesteinsgängen mit einer Mächtigkeit bis zu 5 m vereinigen können).

Der helle Pegmatit wird bei Anwesenheit von Uraninit dunkelgrau, glimmerreich und führt dunklen Rauchquarz. Es wurde beobachtet, daß der Urangehalt sich gleichzeitig mit der Quarzführung erhöht. Ferner wurde festgestellt, daß sich die Uranführung auf jene Pegmatitzonen beschränkt, die erhöhte Ca-Gehalte besitzen und innerhalb kalkreicher Nebengesteine liegen. Wenn diese Nebengesteine fehlen, konnte auch keine Radioaktivität beobachtet werden.

Vorgeschlagene Erklärungen dieser Erscheinungen (Anreicherung der Fluide mit Calcit aus dem Nebengestein, ihre Auskristallisierung bei höherer Temperatur und ihre nachfolgende Verdrängung durch u. a. auch mit Uran angereicherte Restschmelzen) können wenig überzeugen. Es wird vermutet, daß die Uranmineralisation der Pegmatite auf Hydrothermen zurückzuführen ist, obwohl hierfür bislang keine Tatsachen beobachtet bzw. veröffentlicht wurden.

VII. Allgemeine Bemerkung zu den hydrothermalen Lagerstätten

Obwohl die Gesamtvorräte der Lagerstätten dieses genetischen Typs begrenzt sind und u. U. schon in naher Zukunft den wachsenden Bedarf der Welt nicht decken können, hat dieser Lagerstättentyp gegenwärtig die größte Bedeutung.

Hydrothermale Lagerstätten werden gewöhnlich hinsichtlich ihrer Entstehung mit sauren Gesteinskomplexen in Verbindung gebracht, obgleich sich diese Beziehung nicht immer nachweisen läßt. Räumlich gesehen finden sich hydrothermale Lagerstätten zuweilen auch in basischen Gesteinen, in Einzelfällen ist sogar ein genetischer Zusammenhang mit diesen nicht ausgeschlossen.

Die einzelnen Lagerstätten beweisen, daß als Nebengesteine hydrothermaler Lagerstätten sowohl Granitoide als auch die verschiedensten sedimentären, effusiven und metamorphen Gesteine auftreten können.

Eindeutiger sind die Beziehungen zu tektonischen Strukturen. DOMAREW stellt fest, daß für „die Mehrheit der — hydrothermalen — Uranlagerstätten eine eindeutige Kontrolle der Vererzung durch Verwerfungs- und Zerrüttungszonen konstatiert wurde, sowie durch einzelne Klüfte, aus denen sich Gänge oder gangartige Körper entwickelten“. In einzelnen Fällen ist die Vererzung an Serien kleiner Klüfte gebunden, die keine sichtbare Verbindung zu den großen Störungen besitzen.

Haupterzmineral ist Nasturan, das gewöhnlich keine oder äußerst geringe Beimengungen an Thorium oder Seltenen Erden enthält. Begleitminerale sind Quarz, Karbonate, Fluorit und Baryt. In der Nähe der Uranminerale werden sie meist dunkel gefärbt: Quarz wird zu Rauchquarz oder Amethyst, die Karbonate werden mit unterschiedlicher Intensität rot gefärbt, der Flußspat wird violett oder dunkel bis schwarz. Allerdings ist das keine zwingende Alternative: Uranminerale werden auch neben unveränderten, hellen Mineralen angetroffen.

Eine charakteristische Eigentümlichkeit vieler hydrothermaler Uranlagerstätten ist die Rötung des Nebengesteins. Sie entsteht durch staubfeine Bildung von Hämatit. Die rotfarbene Veränderung erfaßt Mächtigkeiten von 1,2 bis 1,5 m (z. B. in der Lagerstätte Eldorado am Großen Bärensee) bis zu einigen Dutzend Metern (z. B. Lagerstätte Ace am Athabasca-See). Sie kann sich jedoch auch nur auf die unmittelbar neben der Uranvererzung liegenden Gesteinspartien beschränken.

Die Ursachen der Rotfärbung sind noch nicht eindeutig festgestellt. Möglicherweise ist sie auf die radioaktive Einwirkung der Erze zurückzuführen.

Nicht selten ist auch die Verkieselung des Nebengesteins, das dann den Charakter von „jasper“ erhält. Neben Hämatitisierung und Silifizierung des Nebengesteins wird noch oft die Bildung von Chlorit und Serizit sowie von Tonmineralen beobachtet. Die kanadischen Geologen teilen ihre hydrothermalen Lagerstätten in folgende Gruppen ein:

1. Uranführende Lagerstätten der üblichen Metalle.
2. Nasturanführende Gänge mit einfacher Mineralisation.
3. Nasturanführende Gänge mit komplizierter Mineralisation.
4. Imprägnations- oder Verdrängungslagerstätten.

DOMAREW sieht in dieser Gruppierung — nicht nur für Kanada — eine unzulässige Vereinfachung. Er teilt seinerseits die Uranlagerstätten in zwei Formationen (nach der Temperatur) und jede Formation in Typen (nach dem Mineralbestand und den Beziehungen zu intrusiven Gesteinen) ein. Insgesamt unterscheidet er so neun Typen:

I. Hochthermale Lagerstätten

1. Davidit-Mineralisation in basischen Gesteinen (Typ: Lagerstätte in Mozambique),
2. Uran-Eisen-Titan-Vererzung in sauren Gesteinen mit Verbindung zu den Granitoiden (Typ: Lagerstätte Radium Hill),
3. Uranvererzung auf Gängen und Klüften in Granitoiden und Diabasgängen (Typ: Sault Ste. Marie),
4. Uran-Kupfer-Vererzung in den Kontaktzonen der Granitmassive (Typ: Cornwall),
5. Uranführende Molybdän- und Gold-Molybdän-Lagerstätten (Typ: Lagerstätten in Britisch-Columbien).

II. Mesothermale Lagerstätten

1. Gang- und Trümervererzung in tektonischen Zonen:
   a) Bi-Co-Ni-Ag-U-Formation,
   b) Nasturan-Sulfid-Formation,
   c) Nasturan-Formation.
2. Uranführende Goldgänge (Typ: Lagerstätte Gilpin und Chihuahua),
3. Gangartige Uranvererzung in oberflächennahen Intrusionen (Typ: Marysvale) (Abb. 7),
4. Uranhaltige Fluoritlagerstätten.

DOMAREW bemerkt zu seiner Gruppierung, daß einzelne, jüngst entdeckte Lagerstätten nicht ohne weiteres einzuordnen sind, da die spärlichen Angaben nicht nur eine sichere Zuordnung unmöglich machen, sondern auch die Genesis der Lagerstätten oft noch ungeklärt lassen. Derartige Lagerstätten werden von ihm als hydrothermale Lagerstätten ungeklärten Typs beschrieben. Ihre Zuordnung zu den hydrothermalen Lagerstätten ist dabei ebenfalls zunächst eine bedingte.

Andere sowjetische Autoren beschränken sich auf weniger Typen. KONSTANTINOW (1955) z. B. scheidet nur aus:

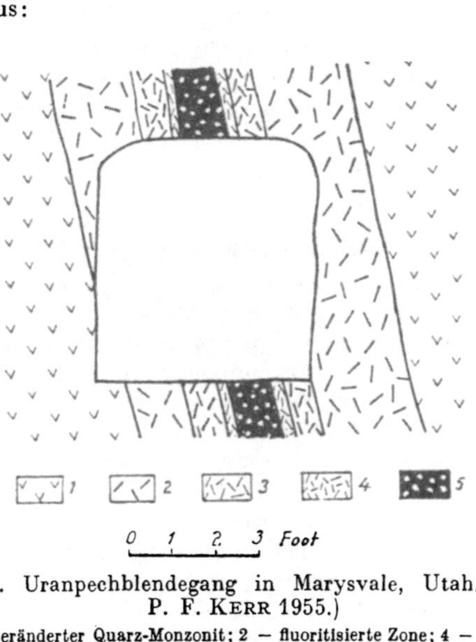

Abb. 7. Uranpechblendegang in Marysvale, Utah. (Nach P. F. KERR 1955.)

1 – unveränderter Quarz-Monzonit; 2 – fluoritisierte Zone; 4 – Kaolinit-Illeit-Zone; 3 – Montmorillonit-Illit-Zone; 5 – Erzgang aus Pechblende, Flußspat und Quarz

1. Quarz-Feldspatgänge mit Wolfram-Molybdän-Vererzung und Uraninit. (Britisch-Columbien)
2. Quarz-Karbonat-Gänge mit Pechblende und Hämatit. (Athabascasee)
3. Quarz-Arseniden-Gänge mit den Bi-Co-Ni-Ag-U-Mineralen und Hämatit sowie Pechblende. (Bärensee)
4. Polymetall-Gänge mit den Sulfiden von Fe, Pb, Zn, erhöhten Silbergehalten und Pechblende. (Front Range)
5. Karbonatgänge mit Pyrit, Gold und Uraninit. (Guadelupe)
6. Quarz-Fluorit-Gänge mit Pechblende (Wölsendorf).

In diesem Zusammenhang sei auf neuere Veröffentlichungen (LEUTWEIN 1958, OELSNER 1958 u. a.) hingewiesen, in denen bemerkenswerte Korrekturen hinsichtlich der Einschätzung der Bi-Co-Ni-Formation vorgenommen werden. Etwa gleichzeitig schrieb WATZNAUER (1957) über die uranführenden Gangtypen des Erzgebirges:

„Im Erzgebirge treten zwei uranführende Gangtypen auf, von denen die ältere Quarz-Hämatit-Pechblende führende die weitaus größere Bedeutung besitzt. Die Uranführung der Co-Bi-Ni-Formation, die am Anfang als die höffigste angesehen wurde, tritt dagegen weit zurück."

Es besteht kein Zweifel, daß mit dem tieferen Studium der Uranvererzung neue Erkenntnisse gewonnen werden, die tiefgreifende Änderungen in den bisherigen Anschauungen und Vorstellungen hervorrufen können und auch nicht ohne Auswirkung auf die Einteilung der hydrothermalen Uranlagerstätten bleiben werden.

VIII. Beschreibung hochthermaler Uranlagerstätten

1. Die Davidit-Lagerstätten auf Mozambique

Das sind vorläufig die einzigen bekannten Lagerstätten dieses Typus. Wegen ihrer bemerkenswerten Beziehungen zu den basischen Gesteinen sollen sie etwas eingehender beschrieben werden. Die Lagerstätten sind an ein großes Gabbromassiv (130 × 48 km) gebunden, das im NW anscheinend mit Gneisen und Graniten Kontakt hat. Der Gabbro besteht hauptsächlich aus Labrador und Hypersthen. Es handelt sich somit um einen noritähnlichen Gabbro. In ihm läßt sich eine Anorthositfazies feststellen, die aus grobkörnigem Labrador besteht. Sie wird meridional durch basische Gesteinsgänge, linsenartige Syenitkörper, Quarzgänge und grobkörnigen Pegmatit (Quarz und Kalifeldspat) geschnitten, welche in ihrer Richtung alle einer großen, intensiven Störungszone folgen. Basische Gesteinsgänge, welche das Gabbromassiv quer durchsetzen, sind jünger als alle übrigen magmatischen Gesteine. Im Norit-Anorthosit-Gestein finden sich zahlreiche Xenolithe der überlagernden, zum größten Teil denudierten Karroo-Serie (recht reine Kalksteine, seltener tonige und sandige Schiefer und geschieferte Gesteine, welche zuweilen Granitpegmatit-Injektionen längs der Schieferung aufweisen).

Davidit wird nur in den Gabbrogesteinen gefunden, in den Xenolithen fehlt er völlig.

Es wurden drei Typen der Uranvererzung festgestellt:

a) eine skapolith-calcitische,
b) eine pyroxenitische,
c) eine „felsitische".

Im ersten Falle findet sich Davidit in den am stärksten skapolithisiertenGesteinspartien, obwohl ein gewisser Teil des Davidits auch im massigen Calcit angetroffen wird, der selten größere Anhäufungen bildet als 0,6 × 15 m im Querschnitt.

Im zweiten Falle assoziiert sich Davidit mit einem grobkörnigen Pyroxengestein, das äußerlich einem basischen Pegmatit ähnelt. Es bildet linsenförmige Körper, welche ebenfalls zu den Zerrüttungszonen tendieren und von den folgenden tektonischen Vorgängen wenig beeinflußt wurden. Das Gestein besteht aus großen grünen Diopsidkristallen (bis zu 2,5 × 3,0 cm lang) und rosafarbenem Skapolith (bis zu 2 cm groß). Skapolith findet sich auch auf eine gewisse Entfernung im Nebengestein zusammen mit schwarzer Hornblende, etwas Turmalin, Biotit und Apatit. Vermiculit wird in 2,5–10 cm mächtigen Gängen längs der Pyroxenkörper angetroffen. Im Zentrum der Körper tritt vor allem Quarz oder massiger Calcit auf.

Davidit ist bei diesem Typ an skapolithisiertes, die Pyroxenkörper einhüllendes Gestein gebunden. Es tritt zusammen mit Calcit und Vermiculit in feinen Gängen auf (die Daviditkristalle werden 7,5–10 cm groß und füllen zuweilen mit einem Kristall diese Gängchen) sowie in der Nähe großer Pyroxenkristalle in den Pyroxenitkörpern selbst.

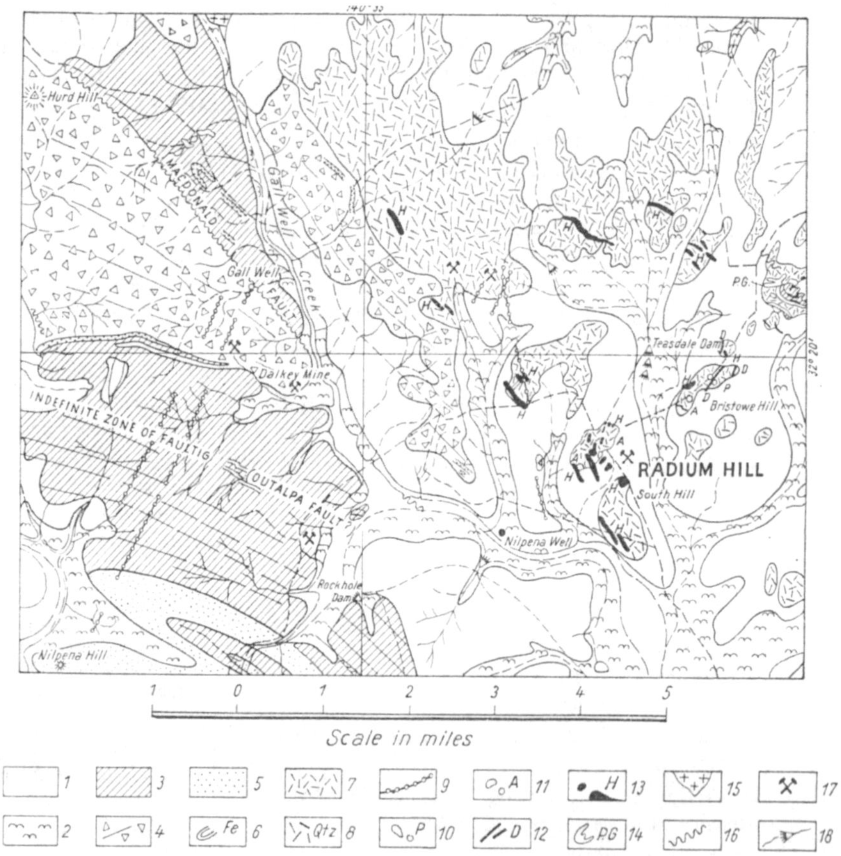

Abb. 8. Geologische Karte des Bezirkes der UranlagerstätteRadium Hill, Südaustralien. (Nach L. W. PARKIN und K. R. GLASSON 1954.)

1 – Lockergestein; 2 – Alluvium; 3 – Schiefer mit zahlreichen Quarziteinlagerungen; 4 – Tillit und fluvioglaziale Ablagerungen; 5 – Quarzite und Sandsteine; 6 – Fe-Formation (3–6: Proterozoikum); 7 – archäischer Komplex William (kristall.Schiefer und Gneise, Magmatite); 8 – Quarzgänge; 9 – Porphyrgänge; 10 – Pegmatite; 11 – Granodiarite; 12 – Greisen; 13 – amphibolisierter Gabbro; Dolorite u. a.; 14 – pegmatitischer Granit; 15 – Biotit-Muskovit-Granite; 16 – Verwerfungen; 17 – Bergwerke; 18 – Flüsse und Bäche

„Felsit“ ist die örtliche Bezeichnung für ein dichtes, rosafarbenes Gestein mit radioaktiven Einsprenglingen. Es besteht aus Plagioklas und mit ihm verwachsenen Karbonat, das Davidit enthält. Quarz fehlt in diesem „Felsit“ fast völlig. Das Gestein ist anscheinend spät infolge von Umwandlungsprozessen der Norite und Anorthosite entstanden. Die „Felsit“körper haben wechselnde Ausmaße, werden jedoch selten länger als sechs Meter.

Die Genesis der Lagerstätte wird folgendermaßen dargestellt:

1. Bildung der Störungszonen und Schieferung der Norite und Anorthosite, Veränderung dieser bis zu Epidioriten. Die Störungszone dient im folgenden den Lösungen und Fluiden als Zuführungskanal.
2. In der tektonischen Zone bildet sich Quarz, der bei den folgenden tektonischen Bewegungen zerrieben wird.
3. Das Gestein wird skapolithisiert und karbonatisiert. Die Quarzbrocken werden in Karbonat eingebettet. Davidit u. a. Minerale sind in den Skapolith-Calcit- und Skapolith-Dolomit-Körpern enthalten.
4. Weißer oder rosafarbener Quarz der zweiten Generation schneidet die Calcit-Anhäufungen.
5. Geringe tektonische Bewegungen zerstören die früher gebildeten Kristallaggregate.
6. Es bilden sich feine Gänge (aus durchsichtigem Quarz, Pyrit, Hämatit, Apatit), welche in das zerrüttete Karbonatgestein eindringen. Hämatit und Apatit sind übrigens auch im Nebengestein zu beobachten.

Die Mozambiquer Lagerstätten lieferten etwas über 100 t Urankonzentrat. Der Abbau wurde durch vereinzelte Daviditanhäufungen erleichtert. Die Tiefenerstreckung war selbst bei den besten Fundpunkten gering (etwa 30 m).

2. Die Lagerstätte Radium Hill (Südaustralien)

Im Unterschied zu Mozambique ist Davidit hier mit Granitoiden verknüpft (übrigens ebenfalls vorläufig die einzige Lagerstätte dieses Typs). Sie ist seit 1906 bekannt und wird nach den Erkundungsarbeiten der Jahre 1953/54 zu den großen Objekten gerechnet.

Die Lagerstätte Radium Hill (Abb. 8) ist an Gangstrukturen in archäischen Paragneisen und Intrusionen gebunden. Sie liegt 1,6 km östlich von der Hauptverwerfung des Bezirks, welche die proterozoischen Sedimentgesteine von den archäischen Gneisen trennt.

Die Paragneise sind intensiv granitisiert, steil gefaltet mit NNO-Streichen, in der gleichen Richtung tauchen sie allmählich ein. Sie werden von eruptiven Gesteinen begleitet, darunter basische und saure In-

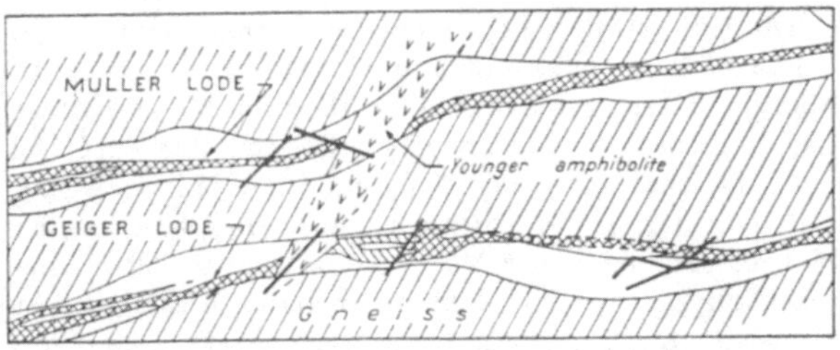

Abb. 9. Die Beziehungen zwischen den jungen Amphiboliten und den Erzgängen in Radium Hill. (Nach L. W. PARKIN und K. R. GLASSON 1954.)

trusive. Die frühen basischen Intrusive (vertalkte und geschieferte Amphibolite) haben sill- und kuppelartige Formen. Späte Amphibolite schneiden die Gneise und die Erzkörper (Abb. 9).

Zu den sauren Intrusiven gehören Granitoide und Pegmatite. Die proterozoischen Sedimentgesteine — Quarzite, Schiefer und stark verbreitete Tillite — sind bei SW-Streichen in breite Falten verformt.

Auf der Lagerstätte selbst sind die metamorphen Gesteine granitisiert und migmatisiert. Magmatische Gesteine sind hier besonders stark vertreten.

Das Hauptstrukturelement der Lagerstätte ist eine Antiklinale, welche flach nach NO eintaucht. Mit dieser Antiklinale stehen Verwerfungen und Klüfte in Verbindung, welche mit ihr im Streichen übereinstimmen, stellenweise allerdings die Gesteine unter 40—70° schneiden. Die Vererzung ist an diese Bruchstörungen gebunden. Die Amphibolite der frühen Intrusionen begünstigten die Vererzung. Dort, wo sie von den Erzkörpern geschnitten werden, vergrößern sich deren Mächtigkeiten, ist die Vererzung reicher. Die sauren Intrusionen (Natrium-Mikrogranite und ihre Pegmatite) führen in ihrem pegmatitischen Teil Seltene Erden. Es besteht die Möglichkeit — Beweise fehlen allerdings —, daß sie genetisch mit der Vererzung in Verbindung stehen.

Die Erzkörper liegen im allgemeinen konkordant zur Schieferung. Ihre Mächtigkeit schwankt von einigen Zentimetern bis zu einigen Metern. Die Vererzung wurde im Streichen nur auf etwa 230 m, allerdings bis zu Teufen von 800 m verfolgt.

Das Erz besteht aus Magnetit, Ilmenit, Rutil, dunklen Glimmern, spätem Quarz und in den zentralen Teilen aus etwas Feldspat. Seltener sind Pyrit und Chalkopyrit.

Davidit ähnelt hinsichtlich seines chemischen Bestandes sehr dem Ilmenit. In der Oxydationszone bildeten sich u. a. Carnotit, Autunit und Torbernit. Uran führt vor allem das Erz des sogen. Typs des „Hauptganges“: grobkörnige Verwachsungen aus Biotit, rosafarbigem Quarz, Ilmenit, Rutil, Hämatit und Davidit. Die Mineralisation wird zeitlich folgendermaßen gedeutet: Hämatit, Ilmenit und Rutil mit Biotit assoziieren sich. Es folgt die Intrusion von Na-Apliten, welche zur Bildung des Davidits führt. Die sulfidische Mineralisation folgt später. Sie ist möglicherweise mit den jungen Amphiboliten verknüpft.

3. Die Lagerstätten am Oberen See

Nachdem in diesem Bezirk schon 1847 erstmals radioaktive Minerale festgestellt worden waren, wurden 1948 die Sucharbeiten erneut aufgenommen. Trotz zahlreicher Einzelfunde und einiger hundert radioaktiver Anomalien wurden bisher noch keine wirtschaftlich interessanten Objekte festgestellt. Das schließt jedoch die Entdeckung von Lagerstätten in Zukunft keineswegs aus.

Die Vererzung ist in olivinfreien Diabasgängen im präkambrischen Granit lokalisiert. Die Mächtigkeit der Diabase erreicht 90 m, schwankt aber gewöhnlich nur zwischen 9 und 21 m. Nach dem Streichen und Fallen werden drei Gangsysteme unterschieden: NO 45°, NW 60° und NW 20°. Die letzten sind die jüngsten.

Die Uranvererzung tritt in Form feiner Gänge und Linsen aus Quarz, Calcit, Hämatit und Nasturan im Diabas auf, meist in der Nähe des Kontakts mit dem Granit, etwas seltener in der Mitte der Gänge oder im Granit. Es handelt sich um mineralisierte Klüfte oder um Verwerfungen, welche die Kontaktlinie schräg schneiden. Nur wenn sich diese Klüfte auftrümern, entstehen bemerkenswerte Erzkonzentrationen. Die Mächtigkeit der Erzgänge erreicht 5 cm (von einigen Millimetern), die Linsen werden bis zu 15 cm breit. Ihre Erstreckung ist gering (1,0—1,3 m). Das Erz besteht in den Trümern vor allem aus Nasturan, Calcit und Hämatit. In geringen Mengen wurde Clausthalit angetroffen.

Nach neueren spärlichen Mitteilungen sollen in der Nähe von Creek etwa 280000 t Erz mit einem Durchschnittsgehalt von 0,0319% U_3O_8 erkundet worden sein.

4. Die Lagerstätten in Cornwall (England)

Diese Lagerstätten und ihr geologischer Bau sind so oft beschrieben worden, daß wir uns hier auf die wichtigsten und wesentlichsten geologischen Züge beschränken können.

Cornwall (Abb. 10) besteht aus paläozoischen sedimentär-effusiven Schichtpaketen und Graniten, welche in die ersten intrudieren. Die Sedimentgesteine gehören dem unteren Silur und dem Devon an. Sie sind im SO der Halbinsel vorwiegend durch Tonschiefer vertreten, im O außerdem durch Sandsteine und Kalke. Im NO und O überwiegen Kalk- und Sandsteine des Karbons, im S werden präkambrische magmatische Gesteine (differenzierte basische und ultrabasische, seltener saure) angetroffen. Es herrschen platinführende Dunite und Gabbros vor. Die Intrusive werden von kristallinem Schiefer umgeben.

Im Bezirk heben sich vier große Antiklinalstrukturen heraus, mit welchen granitische Massive verbunden sind. Die porphyrartigen, groß- und mittelkörnigen Granite wurden mehrphasig intrudiert. Alle haben Kontakthöfe gebildet unter Umwandlung der Tonschiefer in verschiedenartige Hornsteine. In den Kalksteinschichten bildete sich Epidot, Axinit, Pyroxen und Granat. Aplite und Granit-Porphyr-Gänge (ONO-Streichen, steiles Fallen nach NW) sind die jüngsten magmatischen Glieder. Mit Mächtigkeiten von 0,5 bis zu mehreren Metern und Erstreckungen von meist 2 bis 3 km schneiden sie die Granite und deren Nebengesteine. Die Erzkörper dieser Lagerstätten — Gänge, vererzte Breccien- und Greisenzonen — liegen in der Kontaktzone des Granits, reichen jedoch auch in diesen und dessen Nebengesteine hinein. Die mit den Erzkörpern in Kontakt stehenden Nebengesteine sind in Greisen verwandelt, oft mit Topas, zuweilen mit Fluorit, meist mit Turmalin.

Tabelle 6

Zonarität der Vererzung in Cornwall
(nach DOMAREW-POLOWINKINA)

Minerale Gang-	Minerale Erz-	Zonen	Mächtigkeit in Metern
Quarz, Turmalin, Fluorit, Baryt	Arsenide, Sulfide, U_3O_8	Zone der Karbonate des Fe und Mn	120
		Zone der Sulfide des Sb	60
		Zone der Sulfide des Pb und Ag, mit wachsender Teufe durch ZnS verdrängt	550
		Zone der Sulfide des Cu, im unteren Teil mit Mineralen des W und Sn	750
		Zone des Kassiterits, mit Wolframit im oberen Teil	750

Über die Mineralisierung der Gänge, die in hohem Maße vom Nebengestein beeinflußt wird, berichtet Tab. 6, aus der auch die Zonarität der Vererzung ersichtlich ist.

Uran ist relativ verbreitet. Seine Minerale wurden in 66 Lagerstätten des Bezirks festgestellt. Die meisten Uranvererzungen sind jedoch nur unbedeutend, oft nur durch „besondere" Uranminerale interessant. Andere zeigen dagegen intensivere Uranführung. Sie waren die Lieferanten der in der Vergangenheit zeitweilig nicht unbedeutenden Uranerzförderung.

Die wichtigsten Uranminerale sind Nasturan, Uraninit Torbernit, Autunit und Zippeit. Am häufigsten sind sie in den Kupfer- und Bi-Co-Ni-Gängen angetroffen worden, ebenso mit Arsen- und Bleierzen. Am bekanntesten sind die Lagerstätten St. Austell, South Terras u. a.

Als Kuriosum sei erwähnt, daß sich die Uranpechblende in der Vergangenheit auf die Verhüttung der Kupfererze zuweilen so ungünstig auswirkte, daß die Erze mit hohen Urangehalten auf die Halde gestürzt wurden.

5. Die Lagerstätten in Britisch-Columbien

Uranmineralisierung wurde in Britisch-Columbien in der Vergangenheit oft festgestellt, obwohl eigentliche Uranlagerstätten bisher wohl nicht gefunden wurden. Uran ist in Form von Uraninit besonders reich in den Lagerstätten des Molybdäns und goldhaltiger Sulfarsenide des Kobalts vertreten.

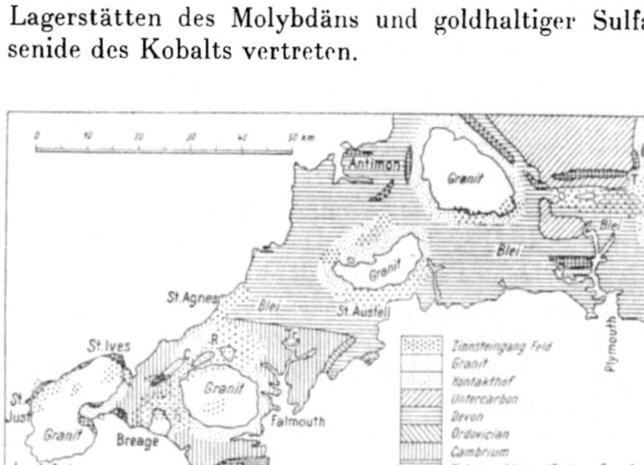

Abb. 10. Geologische Karte der Cornwall-Halbinsel. (Nach MACALLISTER aus P. KRUSCH 1937.)

Die Lagerstätten liegen teils in Granodioriten (z. B. Victoria, Little Ham und Index), teils im Granit (z. B. Molly). In den ersten sind mikroskopisch kleine Körner des Uraninits in linsenförmigen Gängen (bis zu 1,2 m mächtig) zusammen mit Molybdänit, Arsenopyrit und Sulfarseniden des Kobalts vertreten. Hauptgangart ist Hornblende. Bei einer Mächtigkeit von 10—60 cm beträgt der U_3O_8-Gehalt 0,096%. In Index und Molly ist Uraninit mit Molybdänit an geschieferte Zonen des betr. Gesteins gebunden. Britisch-Columbien hat zwar vorläufig keine besondere Bedeutung als Uranlieferant. Bei komplexer Verwertung der anstehenden Erze ist eine Änderung der Situation jedoch nicht unwahrscheinlich.

IX. Beschreibung mesothermaler Uranlagerstätten

1. Allgemeine Bemerkung

Zu diesem Lagerstättentyp gehören in Europa und Nordamerika (Abb. 11) einige wichtige Lagerstätten, die gegenwärtig einen beträchtlichen Anteil der Weltförderung an Uran liefern. Ihnen allen ist ein Zug gemein: die Uranvererzung ist an tektonische Zonen, seltener an einzelne Gänge gebunden. Die vererzten tektonischen Zonen sind oft mehrere Dutzend Meter mächtig und können auf tausende Meter verfolgt werden. Die Uranmineralisation erfaßt dabei in der Regel nicht die ganze Erstreckung und Mächtigkeit der Zonen, sondern ist auf einzelne Abschnitte unterschiedlicher Ausmaße beschränkt, häufig auch auf Gängchen und Klüfte innerhalb solcher Zonen, dann meist kulissenartig angeordnet. Bei lokaler Häufung dieser Klüfte und Trümer bilden sich stockwerkartige Erzkörper.

In anderen Fällen zementieren die Erzminerale zusammen mit anderen hydrothermalen Bildungen die Gesteinsbrocken der tektonischen Zonen, so daß sich im Ergebnis gangartige vererzte Breccien bilden. Erzeinsprenglinge sind innerhalb der tektonischen Zone im Nebengestein nicht selten, haben jedoch keine selbständige Bedeutung.

Strenge Gesetzmäßigkeiten in der räumlichen Verteilung der Erzkonzentrationen sind nicht festgestellt worden: sie können im hangenden und liegenden Teil des Ganges auftreten, ebenso gut jedoch auch in seiner Mitte.

Vererzte Gänge wurden in sedimentären, effusiven und intrusiven Gesteinen beschrieben. In einzelnen Bezirken wurde jedoch eine deutlich ausgeprägte Abhängigkeit der Vererzung vom Nebengestein festgestellt. Diese Kontrolle der Vererzung durch das Nebengestein wird gegenwärtig mit dessen chemischer Zusammensetzung in Verbindung gebracht. Rotfärbung des Nebengesteins, vor allem in der Nähe der Erzkonzentrationen, ist häufig.

Die genetischen Beziehungen der Lagerstätten zu bestimmten magmatischen Komplexen sind oft nicht ausreichend geklärt, oft handelt es sich eher um Vermutungen.

Charakteristisch für alle Lagerstätten ist die Mehrphasigkeit der Vererzung (oft 5—6 Phasen mit zuweilen recht wechselnden Mineralbeständen). Nasturan tritt bedeutend häufiger als Uraninit auf. Es ist vergesellschaftet mit Sulfiden und Arseniden, zuweilen mit Seleniden und gediegenen Metallen. In der Regel ist außerdem Hämatit anwesend. Zur Gangart gehören Karbonate, Quarz, zuweilen Fluorit und Baryt.

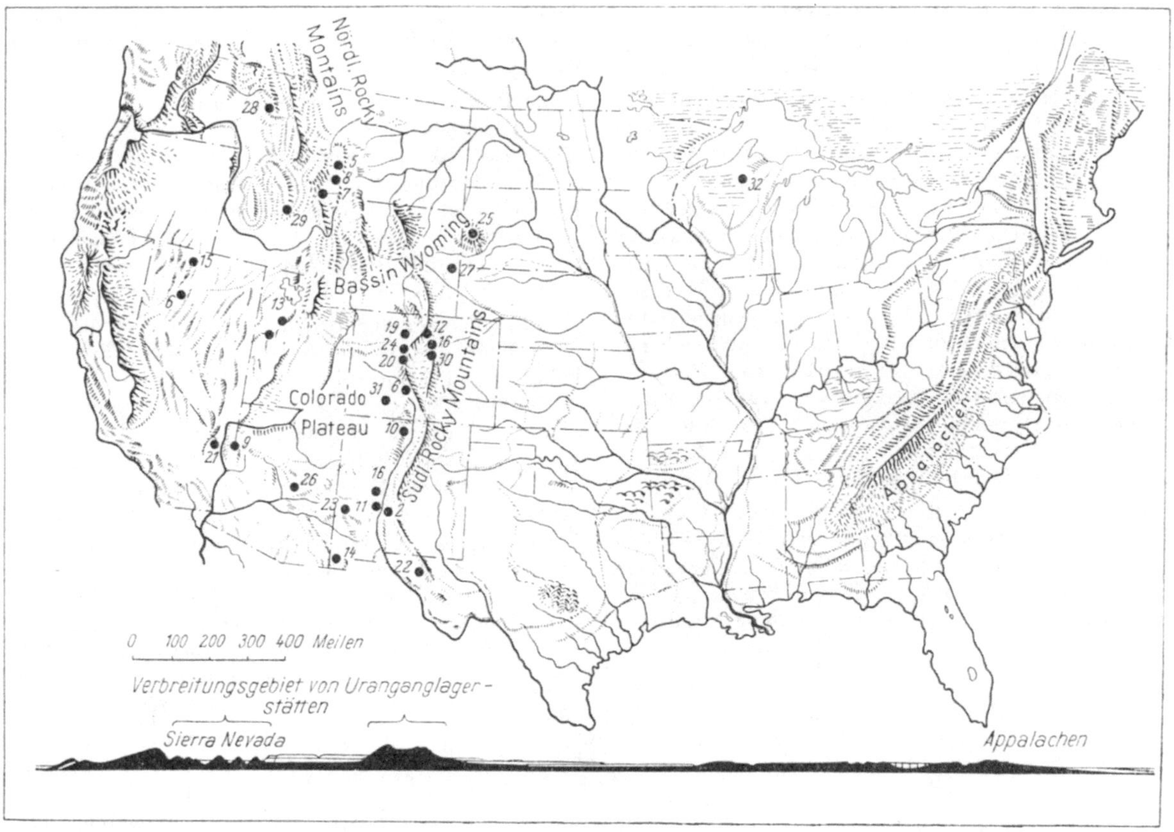

Abb. 11. Die geographische Verteilung der bedeutendsten uranführenden Ganglagerstätten der USA. (Nach D. W. EVERHART, 1955.)
(Die eingetragenen Punkte bezeichnen in Förderung stehende Bergwerke und geologische Untersuchungsobjekte.)

In den von DOMAREW ausgeschiedenen Formationen (BiCoNi, sulfidische Nasturan-, Nasturan-Formation) dürften sich in Kürze gewisse Korrekturen notwendig machen. Ihre Charakteristik erfolgt daher nur in allgemeinen Zügen:

1. In der Bi-Co-Ni-Formation (in der sowjetischen Literatur gewöhnlich als „5-Elementen-Formation" bezeichnet) treten Co und Ni gewöhnlich als Arsenide auf. Arsen ist für diese Formation somit recht charakteristisch. Ag und Bi liegen häufig gediegen vor, desgleichen in einzelnen Bezirken zuweilen Co. Außerdem sind meist folgende Sulfide anwesend: Chalkopyrit, Sphalerit, Galenit, Pyrit, Argentit, Tetraedrit u. a. Gangarten sind verschiedene Karbonate und Quarz.

2. In der sulfidischen Nasturan-Formation sind besonders die Sulfide des Eisens, Kupfers, Bleis und Zinks verbreitet sowie Arsenopyrit und Argentit u. a. Gediegen Gold ist nicht selten, ebenso wie die Selenide des Kupfers, Bleis und Quecksilbers. Hämatit ist meist sehr häufig. Gangarten sind Karbonate und Quarz.

3. In der Nasturan-Formation treten die Sulfide mengenmäßig zurück. Sie sind meist nur mikroskopisch zu erkennen. Auch die anderen Erzminerale treten nur in geringen Mengen auf. Gangart sind verschiedene Karbonate.

DOMAREW weist darauf hin, daß diese drei Formationen durch Übergänge untereinander verbunden sind. In einzelnen Lagerstätten werden sogar Vertreter aller drei Typen angetroffen. Aus diesem Grunde beschreibt er die mesothermalen Lagerstätten nicht nach Typen sondern nach ihren Verbreitungsbezirken. Die Berechtigung und Richtigkeit einer solchen Darlegung kann nicht geleugnet werden.

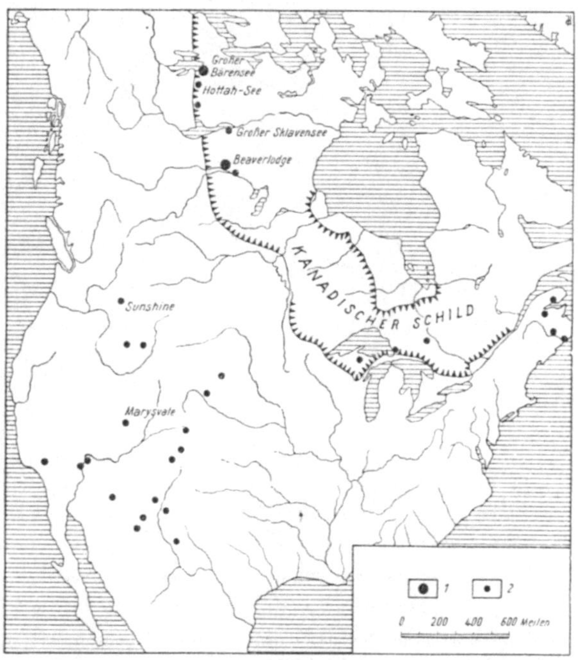

Abb. 12. Uranlagerstätten Kanadas und der USA. (Nach P. F. KERR 1955.)
1 – große Lagerstätten, 2 – kleine Lagerstätten

2. Die Lagerstätten des kanadischen Nordwestgebietes

Diese Lagerstätten liegen am Westrand des kanadischen Schildes zwischen dem Großen Bärensee im Norden und dem Großen Sklavensee im Süden (Abb. 12 und 13). Im Bezirk sind präkambrische Gesteine verbreitet, die jäh durch paläozoische abgelöst werden. Die ältesten Gesteine des Schildes sind archäische effusiv-sedimentäre Pakete. Die Effusive im Liegenden haben Andesit- bis zu Basaltcharakter und werden von ihren Tuffen und Agglomeraten begleitet. Im oberen Teil der Gesteinsgruppe liegen saure Effusive mit Sedimenten in Wechsellagerung und werden schließlich von den letzteren verdrängt. In den Sedimentgesteinen finden sich gut geschieferte Grauwacken, unreine Arkosen und Quarzite, Schiefer, Tonsteine und etwas Konglomerat. Unter dem Einfluß von Graniten haben sich gegen Ende des Archaikums diese Sedimente auf großen Flächen in Quarz-Glimmer-Schiefer und Hornstein verwandelt.

Alle Gesteine sind stark isoklinal gefaltet (steiles Einfallen). Sie werden durch proterozoische Schichten überdeckt (an welche die Uran- und Silbererze gebunden sind), die aus Konglomerat, Arkosen, Schiefern, Dolomiten, verschiedenen Effusiven (Diabase, Andesite, Porphyrite) und Intrusiven (Porphyr, Granit) bestehen. Sie wurden ebenfalls gefaltet, ihr Einfallen beträgt in der Regel jedoch weniger als 45°.

Der Bezirk ist in der Vergangenheit vor allem durch seine Goldlagerstätten berühmt geworden, welche im archäischen Komplex verbreitet sind. Eine nicht minder große Bedeutung und Verbreitung hat nach neueren Feststellungen in diesem Bezirk die Uranvererzung. Sie zieht sich längs der westlichen Kante des kanadischen Schildes hin und setzt sich am Ostufer des Großen Sklavensees fort.

Der mineralogische Bestand dieser Lagerstätten ist recht bunt. Industrielle Bedeutung hinsichtlich Uran haben gegenwärtig jedoch nur die Lagerstätten der Bi-Co-Ni-Formation. Sie sind an Zertrümmerungszonen, welche die sedimentär-effusiven jungproterozoischen Gesteine schneiden, gebunden und liegen in diesen Gesteinen. Die tektonischen Zonen haben NO-Streichen mit steilem Einfallen nach NW. Der sichtbare Versetzungsbetrag macht bei diesen horizontal im Maximum 90 m aus. Die Gänge bestehen aus Quarz, Karbonaten, Hämatit und wenig Chlorit. Bei Anschwellungen der Gänge entstehen stockwerkartige Körper (bis zu 12 m mächtig), deren Trümer mit Quarz und Calcit ausgefüllt sind.

Der Uranerzkörper besteht aus Linsen und parallel zu den Grenzen der Zone verlaufenden Trümern, welche Nasturan und die für die Bi-Co-Ni-Formation typischen Minerale führen. Die Sedimentgesteine erwiesen sich für die Erzablagerung günstiger als z. B. die Porphyrite.

Zu den bedeutendsten Uranlagerstätten des Bezirks gehören die Lagerstätten am Großen Bärensee und unter diesen vor allem die berühmte Lagerstätte Eldorado, auf die etwas näher eingegangen werden soll.

a) Die Lagerstätte Eldorado

Sie liegt am Ostufer des Großen Bärensees, etwa bei 66° nördlicher Breite. 1910 wurden hier Cu und Co festgestellt, 1929 außerdem Bi, 1930 Silber und nochmals Kobalt und etwas später drei uranführende Gänge. Die natürlichen günstigen Verhältnisse — gute Ausbisse und geringe Verwitterungsdecke — machten diese Funde leicht (Abb. 14). Schwierig war die Erschließung der Lagerstätte, da sie 1385 km von der nächsten Eisenbahnlinie entfernt ist und nahe dem Polarkreis liegt. Trotzdem wurde schon 1931 die Lagerstätte geologisch erforscht und 1933 begann der Abbau.

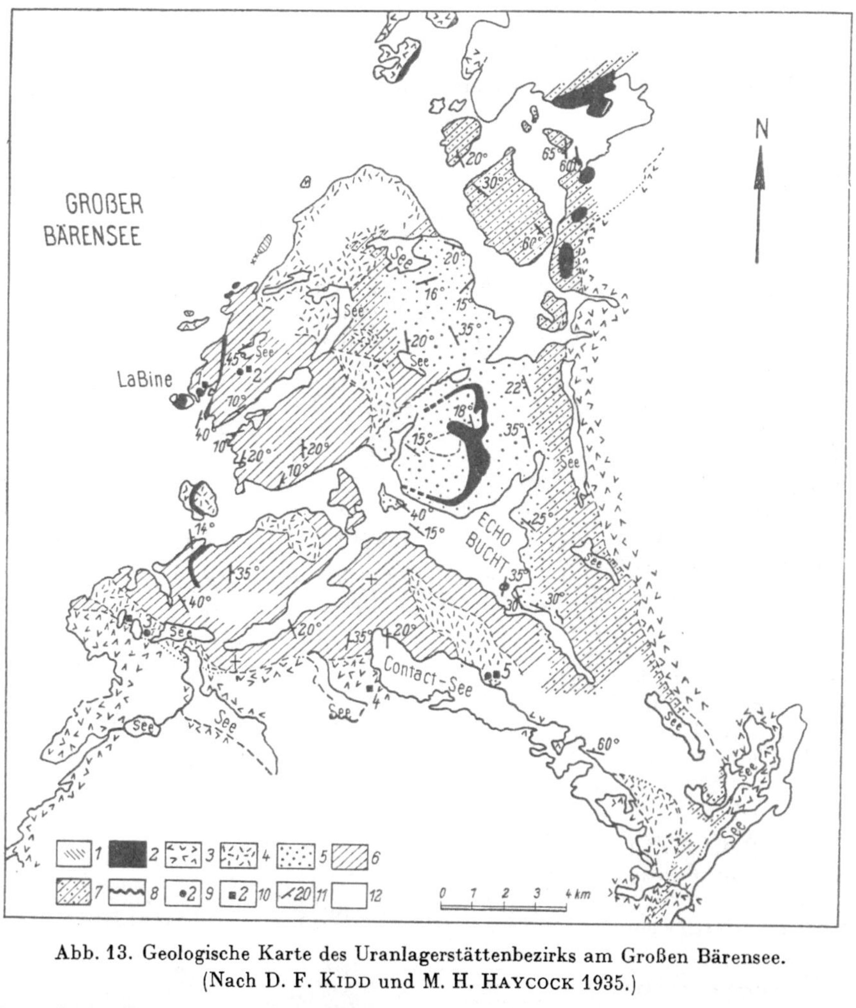

Abb. 13. Geologische Karte des Uranlagerstättenbezirks am Großen Bärensee.
(Nach D. F. KIDD und M. H. HAYCOCK 1935.)

1 – mächtige Quarzgänge; 2 – flacheinfallende basische Gesteinsgänge; 3 – Granite; 4 – Granodiorite und Diorite; 5 – Gesteine „Bucht Camerone"; 6 – Gesteine „Bucht Echo"; 7 – nichtausgeschiedene Gesteine „Bucht Camerone" und „Bucht Echo"; 8 – Verwerfungen; 9 – Silbervererzung; 10 – Uranvererzung (1 – Eldorado, 2 – Echo-Bucht, 3 – Bonanza, 4 – Tompson, 5 – Contact-See); 11 – Lagerung; 12 – nichtkartierte Flächen

Der geologische Bau des Bezirks geht aus Abb. 13 hervor. In Abb. 15 ist der engere Lagerstättenbereich dargestellt. Die Gesteine der Gruppe „Echo Bay" haben folgenden stratigraphischen Aufbau:

Massive und geschichtete Tuffe, häufig porphyrartige.

Porphyritbreccie, Andesit (in seinem oberen Teil etwas Tuff).

Andesite, häufig porphyrartige, etwas Tuff und Breccie.

Andesit-Porphyrit (wird als Liegendes der Andesitdecken betrachtet).

Feldspat- und Hornblende-Feldspat-Porphyre (wahrsch. intrusive).

Geschichtete Gesteine, feingebänderte kieselige Sedimente, geschichtete Tuffe und gröbere klastische Gesteine, gebänderte Kalke.

Massive kristalline Tuffe (Altersbeziehungen zu den überlagernden Horizonten unbekannt).

Auf der Lagerstätte Eldorado herrschen vor allem die unteren Horizonte dieser Gruppe vor: Tuffe (?), stark verkieseltes Gestein, einschl. Quarzit, seltener Konglomerate und Kalksteine. Der Feldspatandesitporphyr kann intrusiv wie auch effusiv sein. Er bildet in den geschichteten Gesteinen Körper, die ebenso gut als Lagergänge wie als Decken angesehen werden können. An Intrusionen liegen als älteste mittel- und grobkörnige Diorite vor sowie grobkörnige Granite. Die Granite und älteren Gesteine werden von Apliten geschnitten.

Es wurden Diabasgänge zweier Altersstufen festgestellt. Die ältesten wurden vor der Uranvererzung eingepreßt, die späten Diabase schneiden sie.

Die Vererzung steht in Verbindungen zu in diesem Bezirk relativ stark entwickelten Störungen. Während die Faltung NNO-Streichen aufweist, besitzen die Brüche und Scherzonen zwei von ihr abweichende Richtungen: eine meridionale mit geringer Ostabweichung und eine andere mit NO-Streichen. Für einzelne dieser Verschiebungen werden kollossale Verschiebungsbeträge angegeben — einige Kilometer.

Neben den Hauptstörungen sind zahlreiche kleinere mit NO-Streichen und seltener SO-Streichen entwickelt.

In den Bruchzonen haben sich Gänge aus Quarz und Hämatit mit großen Mächtigkeiten gebildet (bis zu mehreren hundert Foot). Diese Verwerfungen schneiden alle Gesteine des Bezirks. Der Verwerfungsbetrag für die jüngsten Diabase ist allerdings nur gering.

Die Uranerzgänge liegen auf dem Miß LaBine[11]), etwa in Abständen von 180 m, mit im Durchschnitt 65°, 60 bis 90° NW. Die Gänge Nr. 1 und Nr. 5 der Abb. 15 sind die wirtschaftlich interessantesten. Ihre Mächtigkeiten schwanken zwischen 1 bis 3 m. Sie sind z. T. sehr gut vererzt.

In anderen Fällen zertrümern sich die Gänge, bilden bis zu 12 m mächtige stockwerkartige Körper, sind allerdings nicht immer vererzt. Bei einer Länge von meist 15 bis 210 m sind die Erzkörper innerhalb der tektonischen Zonen ungleich verteilt.

Die Gangfüllung besteht aus Quarz, Karbonaten, variierenden Mengen Hämatit und bedeutend weniger Chlorit. Häufig sind die Erzminerale Nasturan, Chalkopyrit, Ni- und Co-Diarsenide, Wismut, Silber, Argentit, Galenit und Pyrit. Nasturan tritt nierenförmig, selten dendritisch und sphärolitisch auf. Manchmal füllt es allein feine Trümer aus.

Zertrümmertes und durch Quarz verkittetes Nasturan wurde beobachtet. Quarz und Sulfide füllen auch radiale Risse im Nasturan selbst. Daß Nasturan etwa früher gebildete Minerale verdrängt hätte, konnte nicht festgestellt werden. Pyrit ist älter als Nasturan, womöglich auch Arsenopyrit und Magnetit. Quarz ist beinahe gleichaltrig, die anderen Erzminerale und vor allem die Karbonate sind zweifellos jünger.

Es wurden zwei Nasturan-Modifikationen unterschieden: die erste ist fest und gibt eine schwarze Strichfarbe, die zweite ist weich mit graugrüner Strichfarbe. Außerdem reagieren sie verschieden auf Mineralsäuren. In der ersten Modifikation ist das Verhältnis $UO_2:UO_3$ gleich 10:2,2 (77%:17%), in der zweiten ist dieses Verhältnis gleich 1:10 (9%:90%). Der Übergang der ersten Modifikation in die zweite konnte wiederholt festgehalten werden. Unter dem Mikroskop konnte noch eine dritte Modifikation beobachtet werden (stimmt mit der ersten optisch und wahrscheinlich nach dem Bestand überein), die sich an den Kanten und längs Rissen der zweiten Modifikation entwickelt hat.

Die kanadischen Geologen unterscheiden drei Mineralisationsphasen. Zur ersten, der pyrometasomatischen, rechnen sie Magnetit, vielleicht noch Pyrit und Arsenopyrit. In der zweiten, hydrothermalen Phase unterscheiden sie vier charakteristische Paragenesen:

1. Pechblende, Quarz, Safflorit-Rammelsbergit und untergeordnet Glaukodot, Polydimit und Gersdorffit.
2. Quarz, Smaltin-Chloantit, Skutterudit, Kobaltin und andere Co-Ni-Minerale.
3. Dolomit, Sulfide des Blei, Zinks und Kupfers.
4. Eisenhaltiger Rodochrosit, Sulfide des Kupfers und des Silbers, gediegen Silber.

Diese vier Paragenesen sind in den uranführenden Gängen höchst ungleich vertreten. Auch Nasturan tritt in den verschiedensten Vergesellschaftungen auf:

In Bruch-Zone Nr. 1 (s. Abb. 15) tritt Nasturan vor allem in den verkieselten Teilen von Quarz-Hämatit-Gängen auf, zusammen mit Sulfiden, Arseniden, Wismut und Silber. Nasturan wie auch die Co-Ni-Minerale können sich in kleinen Trümern, einige Zentimeter von den übrigen Mineralen entfernt, bilden. Mengenmäßig tritt Uran hinter Co und Ni zurück. Nasturan kann zwar bis zu 30 cm mächtige Streifen und mehrere Dezimeter mächtige Anhäufungen bilden, tritt jedoch häufiger in mehrere Zentimeter mächtigen Gängen mit scharfen Grenzen auf. Außerhalb solcher Gänge wird Nasturan nur vereinzelt als zufälliger Einsprengling beobachtet. Bemerkenswert ist, daß der übrige Teil des Ganges überhaupt nicht radioaktiv ist.

In Zone Nr. 2 findet sich Nasturan als Besteg im Hangenden des Ganges, in Apophysen und außerdem nierenförmig. Es assoziiert sich häufig mit braunem Quarz. Im Gang selbst sind Silber, Hämatit, Chalkopyrit, Co-Ni-Minerale und zuweilen Fluorit anzutreffen. In Zone Nr. 3 — einer bis 1,5 m mächtigen Breccie — wird Nasturan als Einsprengling mit Chalkopyrit, seltener als Anhäufung neben Quarz und Karbonaten angetroffen. Im ganzen gesehen ist erzmineralogisch hier Nasturan vorherrschend. Das Nebengestein ist in der Nachbarschaft der Gänge weitgehend hämatisiert, in den tektonischen Zonen außerdem vertalkt und chloritisiert. Nach den Beobachtungen der kanadischen Geologen wird die Vererzung durch den Charakter der Spaltöffnungen und das Nebengestein kontrolliert. In Zone Nr. 2 z. B., welche Sedimente, Porphyre und frühe Diabase schneidet, liegen die vererzten Abschnitte vor allem in den Sedimentgesteinen. Deren Kontakte mit den frühen Diabasen sind für die Vererzung ebenfalls günstig. Im Porphyr dagegen wurde keine Vererzung festgestellt, ausgenommen solche Fälle, wo große Linsen sich auf kurze Entfernung aus Sedimentgesteinen in die Porphyre „schleppen".

Andere Forscher haben beobachtet, daß sich das Erz häufig um Porphyrvorsprünge konzentriert. In Zone Nr. 1 wurde ferner bemerkt, daß sich bei Richtungsänderungen der Gänge häufig Erzfälle, und zwar im Liegenden der Gänge bilden.

Diese Tatsachen (Porphyr ungünstig, Sedimentgesteine und Diabase günstig für die Vererzung) werden mit der unterschiedlichen chemischen Aktivität der Nebengesteine erklärt. Außerdem verengen sich im Porphyr die Strukturen, was ebenfalls für größere Erzfälle ungünstig ist.

Zerrungsklüfte, gewöhnlich mit Karbonaten ausgefüllt, enthalten wiederum überdurchschnittlich Uran. Derartige Karbonatgänge und -trümer (mit bis 50% des Volumens Nasturan!) wurden auch außerhalb der Zonen festgestellt.

Die Mineralführung zeigt nach der Teufe zu keine wesentlichen Veränderungen, der Urangehalt steigt etwas an, Silber nimmt wesentlich ab.

Die Oxydationszone der Lagerstätte ist — bedingt durch die arktischen klimatischen Verhältnisse — nicht sehr mächtig, sie reicht etwa 7,5 m hinab.

Wenn auch der mesothermale Charakter der Lagerstätte keine Zweifel hervorruft, so kann zunächst die übliche Verbindung zu Granitintrusionen nur schwer aufrechterhalten werden:

1. Zwischen den Granitintrusionen und den Verwerfungen lag eine recht beträchtliche Zeitspanne.

[11]) Hier entstand später die Siedlung Port Radium.

Abb. 14. Blick von Norden aus 1700 Meter Höhe auf den Großen Bärensee mit dem Kap Labine-Point im Vordergrund. Die Berge im Vordergrund erreichen 500—700 foot über dem See. Die Abdachung in der Mitte des Bildes zeichnet den Ausbiß eines nach links einfallenden basischen Gesteinsganges ab. (Foto R. C. A. F. aus D. F. KIDD 1932.)

2. Die ungeheure Mächtigkeit der Quarzgänge könnte nicht vorliegen, wenn die erzführenden Granitderivate etwa gleichzeitig entstanden wären.

Engere Beziehungen könnten dagegen zu den späten Diabasen bestehen, die angeblich (?) das Silber gebracht haben. Da diese Gesteinsgänge jedoch die Erzgänge schneiden, ist auch diese Annahme hinfällig.

b) Andere Lagerstätten dieses Gebietes

Im Süden vom Großen Bärensee, im Bezirk des Hottah-Sees, wurden andere Lagerstätten festgestellt. Industrielle Bedeutung hat anscheinend nur die Lagerstätte Peech-8 erhalten. Hier arbeitet seit 1952 eine Aufbereitungsanlage, die täglich 50 t Erz durchsetzt. Die U_3O_8-Gehalte betragen etwa 0,25%.

Am Großen Sklavensee wurden ähnliche Verhältnisse wie bei Eldorado angetroffen. Perspektivisch ist hier vor allem sein Ostufer, der Bezirk am Fluß Marian und am See Stark.

Südöstlich von Eldorado liegt der Contact-See. Hier wird seit 1935/36 eine Lagerstätte auf Uran und Silber abgebaut. Nach fragmentarischen Unterlagen wurden aus 10079 t Erz 3,1 t U_3O_8 und 10,8 t Silber gewonnen. (KOHL 1954 nennt für die Zeitspanne von 1935 bis 1939 folgende Zahlen: Haufwerk rund 9140 t. Silber 348500 Unzen, U_3O_8 6933 lb, d. h. reichlich 3 t. Die Angaben für U_3O_8 stimmen somit weitgehend überein.)

Seit Ende des letzten Krieges wurde die geologische Erforschung des Bezirkes intensiviert. Nach vorläufigen Mitteilungen werden hier im Granodiorit Quarz- und Karbonatgänge angetroffen (Abb. 16), die in drei Typen gruppiert werden können:

1. Typ: NO-Streichen von 40—60°. Sie bestehen aus massivem, feinkörnigem, dunkelgrauem Quarz mit geringen Mengen Pyrit, Chalkopyrit, Hämatit, Magnetit und Arsenopyrit.

2. Typ: Diese bis zu 45 m mächtigen Gänge schneiden den Typ 1, laufen zuweilen direkt neben den Gängen dieses Typus. Sie bestehen aus feingebändertem weißem Kammquarz mit unterschiedlichen Mengen Siderit, Ankerit, Calcit, Hämatit, Pyrit, Chalkopyrit, Bornit und Chalkosin. Das anliegende Nebengestein ist gewöhnlich chloritisiert und serizitisiert, in geringerem Maße karbonatisiert und pyritisiert.

3. Typ: Die Gänge bestehen aus Siderit, Ankerit, Rodochrosit, Dolomit, Calcit, Baryt, durchsichtigem Quarz, Chlorit und verschiedenen Erzmineralen einschließlich der Co- und Ni-Minerale. In fünf dieser Gänge wurde Silber angetroffen, in einem Nasturan.

Diese Gangtypen bilden im Lagerstättenbezirk drei Erzzonen (s. Abb. 16). Die Haupterzzone Nr. 1, welche Silber und Uran führt, ist durch bergmännische Arbeiten 330 m verfolgt worden (Generalstreichen NO 75°, mit steilem Einfallen nach SO). Der Hauptgang besteht aus aneinandergereihten Linsen (bis zu 1,5 m mächtigen), von denen sich bis zu 30 cm mächtige Gänge abzweigen. In Zone Nr. 2 und 3 wurde Nasturan bisher nicht festgestellt, jedoch Hämatit, Chalkopyrit und Pyrit, in Zone Nr. 2 außerdem Silber und eine gewisse Radioaktivität.

3. Die Lagerstätten im Norden von Saskatchewan

Nachdem 1935 erstmalig Nasturan in zwei Punkten gefunden worden war, wurden ab 1948 nördlich vom

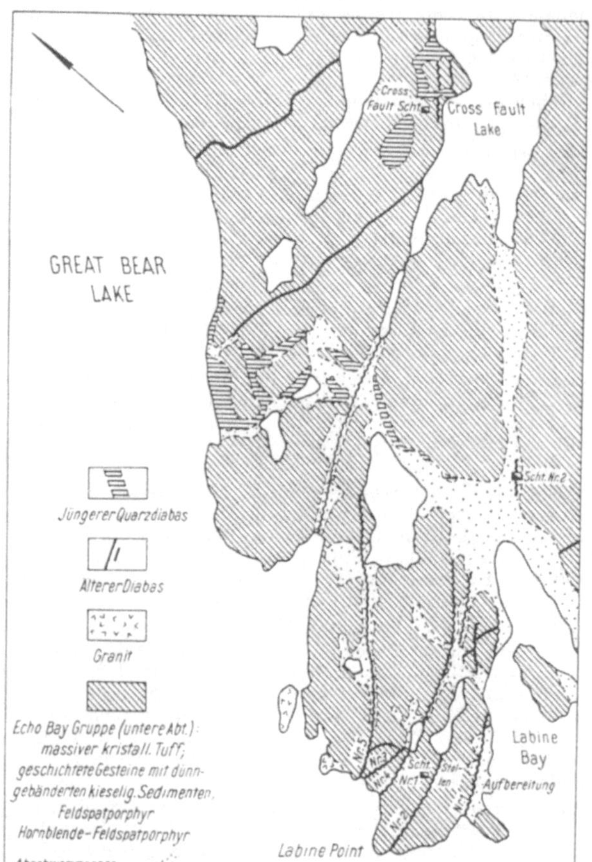

Abb. 15. Geologische Karte der Lagerstätte Eldorado, Großer Bärensee.
(Nach A. H. LANG 1952 aus KOHL 1954.)

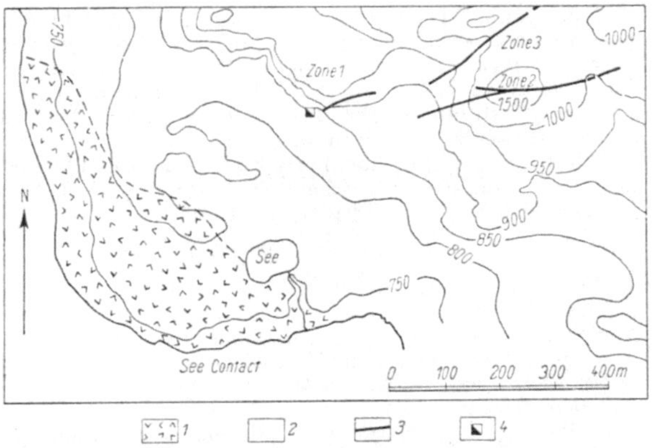

Abb. 16. Geologische Karte der Lagerstätten am Contact-See. (Nach A. H. LANG 1952.)

1 – Granite; 2 – Granodiorite; 3 – Erzzonen; 4 – Schacht

Athabasca-See in Saskatchewan intensive Such- und Erkundungsarbeiten durchgeführt. Zahlreiche neue Uranfunde wurden im Ergebnis dieser Arbeiten gemacht sowie einige große Lagerstätten festgestellt, in denen bereits 1951 die Förderung aufgenommen wurde (Abb. 17). Die zunehmende industrielle Tätigkeit in dieser bisher schwach besiedelten Gegend führte u. a. zur Gründung einer neuen Ortschaft am See Beaverlodge: Uranium City.

Der Lagerstättenbezirk liegt auf dem kanadischen Schild, in der Nähe seines Westrandes, dort wo die präkambrischen Gesteine ans Paläozoikum grenzen. Die stratigraphischen Verhältnisse sind noch unzureichend erforscht. Der stark ausgeprägte Metamorphismus erschwert zudem sehr die Klärung der Strukturverhältnisse. In groben Umrissen ergibt sich heute folgendes Bild (Abb. 18):

Archäische (oder proterozoische) Dolomite, Kalksteine (?), Konglomerate, Quarzite, Chlorit-Epidot-Gesteine, Glimmerschiefer, Gneise sowie Amphibolite werden von der darüber liegenden Athabasca-Serie (Konglomerate, Arkose, Basalte und Andesite) durch Granite und Lamprophyrgänge geschieden. Diese Gesteinspakete sind gefaltet (NO-Streichen) und durch eine Reihe von Brüchen (ebenfalls NO-Streichen) stark gestört. Die Flügel der Falten fallen steil ein – bis zu 90°. Die Gesteine der Athabasca-Serie liegen etwas flacher (35–65° Einfallen), zuweilen fast horizontal. Längs der großen Brüche entstanden Störungszonen bzw. wurde das Gestein brecciert. Die Hauptstörungen sind weithin verfolgt worden (Black Bay bis zu 64 km). Für die Störung St. Louis beträgt der horizontale Verschiebungsbetrag 330 m, die Amplituden konnten bisher nicht festgestellt werden. Neben diesen großen Brüchen gibt es im Bezirk eine Reihe kleinerer breccierter Zonen und Klüfte.

Der Bezirk war in der Vergangenheit als nicht unbedeutender Goldlieferant bekannt geworden. Seine Bedeutung stieg durch neuere Uranfunde – vor allem in der Nähe der Ortschaft Goldfields – weiter an.

Gegenwärtig werden in diesem Bezirk zwei Lagerstättentypen unterschieden: ein einfacher (Nasturan mit Hämatit, andere Erzminerale sind selten) und ein komplizierter, in dem Nasturan zusammen mit Sulfiden und Arseniden auftritt.

Die Vererzung beider Typen wird durch die Strukturen kontrolliert: in vielen Lagerstätten ist sie an die breccierten Zonen und Klüfte zu beiden Seiten der Hauptverwerfungen gebunden. Besonders wichtig ist in dieser Hinsicht die Verwerfung St. Louis, wo ebenfalls die breccierte Zone wirtschaftlich am aussichtsreichsten ist. So liegt denn auch hier im Liegenden das größte Bergwerk des Bezirks Ace.

Günstig für die Vererzung erwiesen sich auch bestimmte Nebengesteine, z. B. Amphibolite und andere Fe- und Mg-reiche Gesteine (wie Andesite und Karbonate). In Quarziten, Arkosen und Gneisen fehlen Uranminerale dagegen sehr häufig völlig.

Obwohl die Rotfärbung des Nebengesteins – ziegelrote Färbung ist eines der Erkundungsleitmerkmale – recht typisch ist, bildet sie keine unerläßliche Voraussetzung für das Antreffen von Uran. Die Rotfärbung ist hier ebenfalls auf feinverteilten Hämatit zurückzuführen. Nicht selten wird sie von Silifizierung und Chloritisierung begleitet.

Da Uran in allen Gesteinsschichten einschließlich der Athabasca-Serie angetroffen wird, verlegt man die Vererzung zeitlich ins obere Proterozoikum. Allerdings hat die $Pb_{206}:Pb_{207}$-Bestimmung 1400–1680 Mill. Jahre ergeben, d. h. Archaikum.

a) Die Lagerstätten im Nordosten des Bezirkes

Von den verschiedenen Lagerstätten des Bezirks ist im NO die Zone Fay-Ace am besten aufgeschlossen (400 m tiefer Schacht, beide Punkte sind durch Strecken miteinander verbunden, insgesamt wurden 50–55 000 m gebohrt).

In den Schachtfeldern Fay-Ace sind Chlorit-Epidot-Gesteine, Chlorit-Serizit-Schiefer, Chlorit-Tonschiefer und Quarzite des Proterozoikums ausgebildet. Der St. Louis-Bruch hat hier NO-Streichen (64°) und SO-Einfallen unter 50°. Er wurde in den Gruben und durch Bohrungen auf über 6 km verfolgt. Bei geringen Schwankungen im Streichen hält er im Fallen aus.

Die Verwerfung wird unmittelbar durch einen Lettenbesteg von 2,5 bis 75 cm (durchschnittlich 20 cm) Mächtigkeit gekennzeichnet. Zu beiden Seiten sind auf eine Entfernung

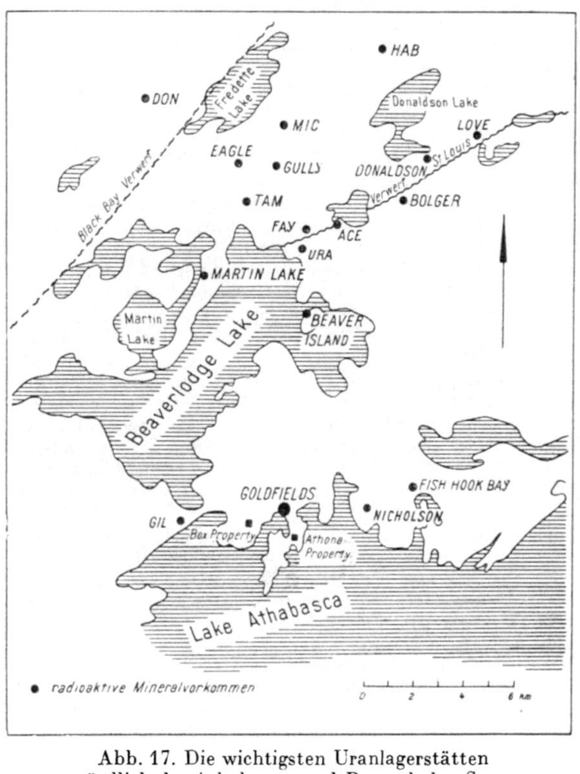

Abb. 17. Die wichtigsten Uranlagerstätten nördlich des Athabasca- und Beaverlodge-Sees. (Nach E. KOHL 1954.)

Abb. 18. Geologische Karte des Lagerstättenbezirks nördlich des Athabasca- und des Beaverlodge-Sees. (Nach A. H. LANG 1952.)

I – Athabasca-Serie: 1 – Basalte, Andesite, 2 – Konglomerate, Arkosen, 3 – Granite, 4 – Dolomite, Quarzite, Paragneise, Effusive, basische Intrusive der Tazin-Serie (II)

von 15–18 m von der Verwurfsfläche die Gesteine stark verknetet und zertrümmert. Die Gesteine der Gruppe Tazin streichen ungefähr parallel zur Verwerfung, haben jedoch ein steileres Einfallen als diese. Sie bestehen – vom Norden nach Süden – aus glimmerführenden Tonsteinen, Chlorit-Epidot-Gesteinen, chloritisierten Tonsteinen und einzelnen über die ganze Mächtigkeit der Gesteinsgruppe verteilten eingelagerten kristallinen Schiefern und Quarziten.

Die Vererzung ist an die Störungszone gebunden (Abb. 19). Ihre Konzentration wird dort abbauwürdig, wo die Störung tonige Gesteine durchsetzt. Wenn Quarzite geschnitten werden, fehlt gewöhnlich die Vererzung selbst in stark beanspruchten Gesteinen. Die Rotfärbung erfaßt die ganze breccierte Zone, die Intensität der Färbung hängt jedoch vom Gestein ab (besonders intensiv in Tonsteinen) und von der Nähe des Nasturans.

In der Lagerstätte Ace sind die Gesteine der Haupterzzone stark metamorphosiert. Ausgangsgesteine waren offensichtlich Argillite, die in ein Hämatit-Feldspat-Karbonat-Gestein umgewandelt wurden. Der Metamorphismus läßt sich auf eine Entfernung von etwa 75 m von der Verwerfung verfolgen. Innerhalb dieser Entfernung ähnelt das Gestein Paragneis.

Uranmineralisation findet sich innerhalb der Erzzonen im Liegenden der Verwerfung in kurzen perlschnurartigen Trümern, die etwa parallel zur Verwerfung streichen (NO 50–65°, Fallen 15–70° nach SO). Gangarten sind hauptsächlich Quarz und Calcit. Nasturan konzentriert sich besonders in der Nähe der Salbänder, bildet außerdem feine Bezüge auf den Spaltflächen des Calcits. Mikroskopisch feinverteiltes Calcit ist auch im Nasturan selbst festgestellt worden. Nasturaneinsprenglinge im Nebengestein werden als zur älteren Mineralisationsphase gehörend betrachtet (verglichen mit den massigen kryptokristallinen Bildungen). Die Erztrümer bilden in ihrer Gesamtheit und mit dem eingeschlossenen Nebengestein einen einheitlichen Erzkörper.

Erzkörper wurden auch in den Paragneisen aufgefunden, und zwar in deren Kontakt mit den Chlorit-Epidot-Gesteinen oder in dessen Nähe. Im Hangenden der Verwerfung St. Louis wurde Erz nur im Bergwerk Fay angefahren.

Neben Nasturan, Quarz und Karbonaten bestehen die Erzkörper hier aus Hämatit und in geringen Mengen aus Sulfiden. Unter diesen sind Pyrit, Galenit und Chalkopyrit noch am häufigsten. Clausthalit in Verbindung mit Bleiglanz werden als Indikatoren auf Nasturan betrachtet.

b) *Andere Lagerstätten in der Nähe des Beaverlodge-Sees*

1. *Am Martinsee*

Diese Lagerstätte liegt im Hangenden der St. Louis-Verwerfung am Ostflügel einer Synklinale. Aus der Athabasca-Serie sind hier Arkosen und Basaltdecken vertreten, die NO-Streichen haben und mit 45° zur Achse der Synklinale einfallen. Sie werden durch zahlreiche Zerrüttungszonen und Verwerfungen geschnitten, welche fast parallel zu St. Louis streichen (70–85°) und gewöhnlich nach SO mit 55–80° einfallen.

Nasturan wird meist massiv, selten nierig, in Trümern und als Einsprenglinge der Gangfüllung angetroffen. In geringen Mengen sind im Erz gediegen Kupfer, Gold, Bornit, Chalkosin, Covellin, Chalkopyrit und Clausthalit vertreten. Das Erz bildet kleine Linsen, häufig in Form feiner (weniger als 1 cm mächtiger) Trümer, die allein von Nasturan besetzt sein können.

Die beste Vererzung haben die Gänge in Effusiven in der Nähe des Hangenden oder Liegenden ihres Kontaktes mit Arkosen. (Das Nebengestein ist in der Regel intensiv rot gefärbt.) In den Arkosen selbst ist kein Uran festgestellt worden, ausgenommen solche Fälle, bei denen sich das Erz vom Kontakt auf wenige Zentimeter in die Arkosen „schleppt". Das außerordentlich ungünstige Verhalten der Arkosen zur Vererzung wird von den Geologen wiederholt unterstrichen.

Nasturan findet sich vor allem in Zerrungsspalten, die infolge kleiner Biegungen der tektonischen Zonen entstanden sind. Bemerkenswert ist hierbei, daß diese Zonen und Verwerfungen selbst keine Uranvererzung führen.

2. *Die Lagerstätte Eagle*

Sie liegt etwa 2 km nördlich der NO-Bucht des Beaverlodge-Sees, in Chlorit-Epidot-Gesteinen, Quarziten und rötlichen Granit-Gneisen, welche durch zahlreiche Kluft-

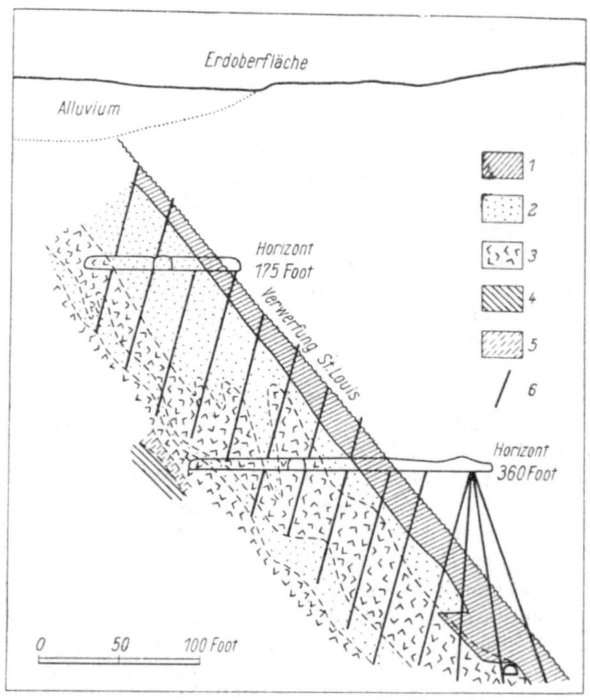

Abb. 19. Seigerriß durch das Bergwerk Ace (Saskatchewan, Kanada). (Nach A. H. LANG 1952.)

1 – Erzzone; 2 – durch Rotfärbung veränderte Gesteine; 3 – Paragneise; 4 – Gesteine der Tazin-Serie; 5 – Chlorit-Epidot-Gestein; 6 – Bohrungen

zonen in NO-Richtung geschnitten werden. Vererzung wird hier in vier Zonen angetroffen, die von den Schachtgeologen als Verwerfungen betrachtet werden, obwohl die bergmännischen Arbeiten und Bohrungen hierfür keinen Nachweis erbrachten. Es handelt sich dabei um Serien kleiner Quarz-Karbonat-Gänge mit Chlorit und Nasturan. (Gesamtmächtigkeit der Zonen von 0,45 bis 2,4 m.) Ihr Streichen ist im Durchschnitt NO 70—80°. Obwohl in einzelnen Proben gehalte von 1—2% U_3O_8 festgestellt wurden, ist der Umfang der bisher ermittelten Vererzung wohl für eine industrielle Nutzung noch zu gering.

3. Die Lagerstätten der Bucht Nicholson

Diese Lagerstätten liegen am Nordufer des Athabasca-Sees etwa 2—3 km von Goldfields entfernt (Abb. 20). Über ihre wirtschaftliche Bedeutung liegen keine eindeutigen Mitteilungen vor.

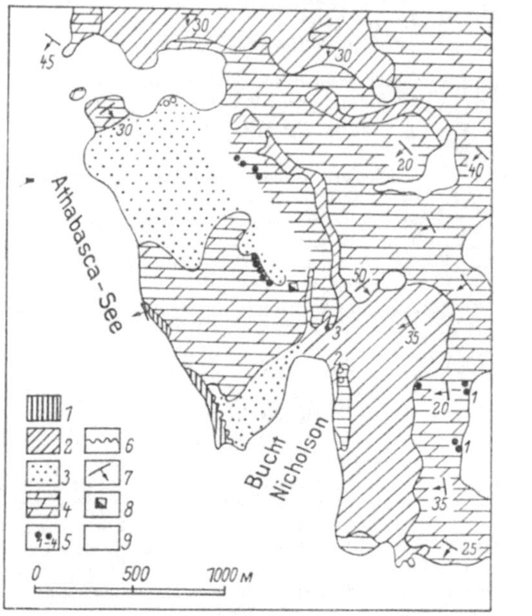

Abb. 20. Schematische geologische Karte der näheren Umgebung der Lagerstätten an der Nicholson-Bucht. (Nach A. H. Lang 1952.)

1 — Quarz-Glimmer-Phyllite; 2 — Amphibolite; 3 — eisenhaltige Quarzit-Breccie; 4 — Dolomite und Dolomit-Quarzite; 5 — radioaktive Anomalien; 6 — Verwerfungen; 7 — Lagerung; 8 — Schacht; 9 — nicht kartierte Fläche

Von den 4 bis 5 entdeckten Uranvererzungen ist eine an einen Karbonatgang (Karbonate, Nasturan, Sulfide und Kobaltblüte) gebunden. Eine andere liegt im Kontakt von Quarziten mit brecciösen eisenhaltigen Quarziten. Sie hat eine Mächtigkeit von 0,45 m in Form kulissenartig angeordneter Karbonatgänge (mit Nasturan, Hämatit, wenig Sulfiden und Arseniden). In den Proben wurden übrigens noch Gold und Platin festgestellt.

Ähnliche Verhältnisse wurden auch — mit lokalen Variationen — in den anderen Fundorten angetroffen. Auf 60 m Teufe wurden U_3O_8-Gehalte von 0,47% festgestellt.

Uranfunde wurden am Athabasca-See auch an anderen Orten gemacht. Sie haben jedoch bisher keine größere wirtschaftliche Bedeutung erlangt. Aussichtsreich ist vielleicht noch der Bezirk des Flusses Stony Rapids. Hier wurden in der Nähe des Black Lake Uran in Gneisen, Sedimentgesteinen und Gabbro beobachtet. Gabbro hat anscheinend vereinzelt — nicht immer — die Vererzung begünstigt. Der Durchschnittsgehalt soll hier 0,25% U_3O_8 betragen.

4. Die Lagerstätten von Coeur d'Alène, Idaho (USA)

Der Bezirk Coeur d'Alène im Norden von Idaho ist einer der bedeutendsten Bergbaubezirke der Welt. Hier liegen im Norden Goldlagerstätten und im Süden die reichsten Silberlagerstätten der Welt. Daneben wird Wolfram, Blei, Zink, Kupfer, Antimon u. a. gefördert. Trotz dieser intensiven bergmännischen Tätigkeit wurden erst 1949 Uraninitfunde im Bergwerk Sunshine in einer Teufe von 1128 m gemacht. Später wurde Uraninit auch in der Grube Coeur d'Alène festgestellt. Beide Lagerstätten liegen im Silberbezirk des Rayons (Silver Belt). Ihre Bedeutung für die Uranförderung ist gegenwärtig noch unklar. Auf Grund einiger beobachteter Erscheinungen ist jedoch vor allem die Lagerstätte Sunshine interessant. Der Bezirk ist aus Gesteinen der Belt-Serie aufgebaut (Abb. 21), die von den amerikanischen Geologen in sechs „Formationen" eingeteilt wird. Von diesen ist die Formation St. Regis für die Vererzung am wichtigsten.

St. Regis besteht hauptsächlich aus feingebändertem rotgrauem Quarzit und Argilliten, die Schichten massiven Quarzites enthalten. Ihre Gesamtmächtigkeit beträgt 300—420 m. Außerdem sind intrusive Monazite, Diabase und Lamprophyre vertreten. Die Hauptstruktur des Bezirkes Coeur d'Alène ist die Verwerfung Osburn (vertikaler Verwerfungsbetrag bis zu 457 m, horizontal bis zu einigen Kilometern).

Die meisten Silberlagerstätten des Bezirks liegen auf dem nördlichen, überkippten Flügel einer großen Antiklinalstruktur (Big Creek). Die Gänge dieser Lagerstätten sind oft völlig mit Siderit ausgefüllt. Häufig wird Freibergit und Bleiglanz angetroffen. Andere Erzminerale wie Pyrit, Arsenopyrit, Chalkopyrit, Antimonit, Sphalerit usw. sind dagegen seltener.

Vorläufig ist nur die Uranmineralisation in der Grube Sunshine bemerkenswert. Die uranhaltigen Gänge streichen in der gleichen Richtung wie das Nebengestein. Sie werden durch eine Clivage-Klüftung kontrolliert. Das unterscheidet die uranführenden Gänge von den übrigen, welche vor allem an die Zerrüttungszonen gebunden sind. Diese Tatsache — daß Uran in besonderen, vom Hauptgang Sunshine abweichenden Gängen konzentriert ist — läßt die Schlußfolgerung zu, daß Uran in einer besonderen Phase der Mineralisation zugeführt wurde.

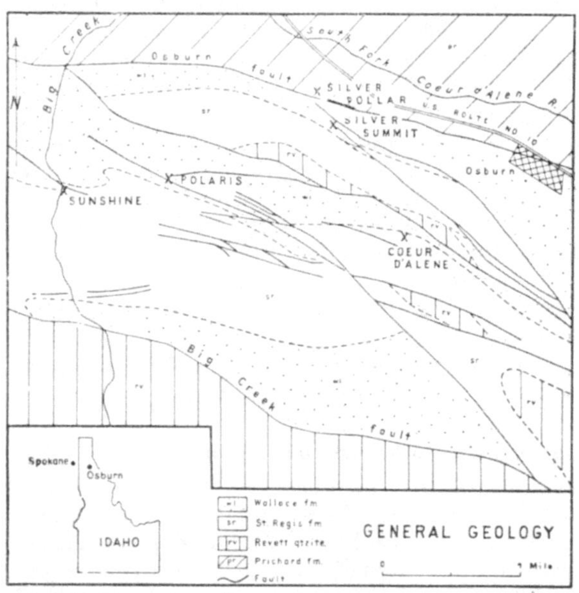

Abb. 21. Geologische Übersichtskarte des Coeur d'Alène-Bezirks (Idaho). (Nach Shennon und McConnel aus E. E. Thurlow und R. J. Wright 1950.)

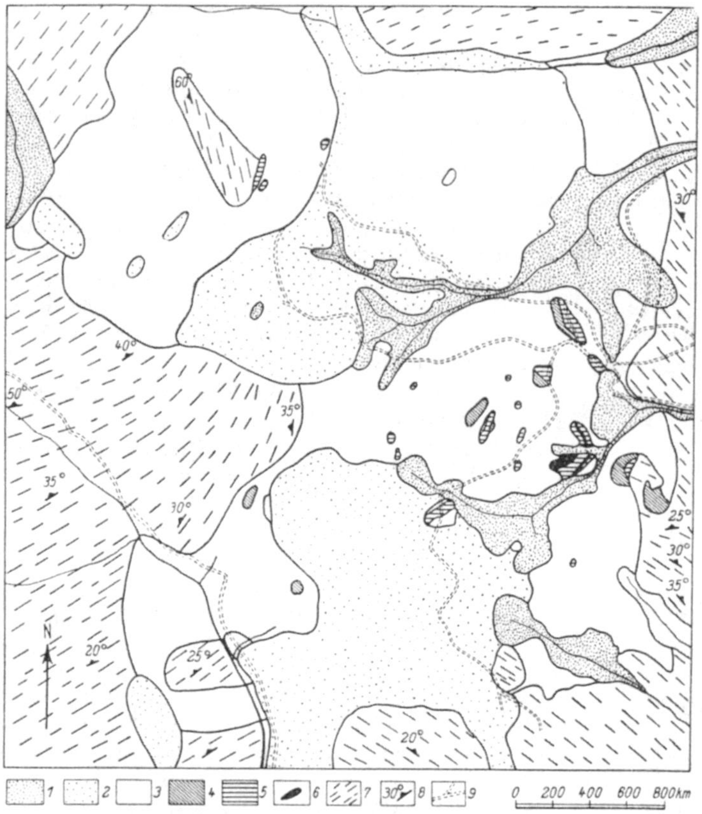

Abb. 22. Geologische Karte des Caribou-Stocks. (Nach T. S. LOVERING und E. N. GODDARD 1950)

1 – Alluvium; 2 – pleistozäne Tone mit Geröll; 3 – Monzonite; 4 – gabbroartiges Gestein; 5 – ultrabasisches Gestein; 6 – titanhaltiges Eisenerz; 7 – präkambrische kristall. Schiefer und Gneise; 8 – Lagerungselemente; 9 – Wege

Beachtenswert ist ferner der Umstand, daß die für Urangänge charakteristische und weitverbreitete Rotfärbung des Nebengesteins bei allen nichturanführenden Gängen der Lagerstätte fehlt. (In der Nähe der Urangänge sind z. B. die Quarzite auf eine Mächtigkeit von 30 cm braunrot gefärbt und gehen dann allmählich in die übliche weiße oder graue Färbung der Quarzite über.) Der Mineralbestand der Urangänge entspricht dem der Kupfer-Silber-Gänge (Pyrit, Arsenopyrit und Freibergit). Pyrit und Arsenopyrit sind allerdings hier häufiger als in den Kupfer-Silber-Gängen.

Uran tritt als Nasturan auf, gewöhnlich in Form kleiner Sphärolite im Quarz, den es verdrängt. Als Endstadium dieser Verdrängungsprozesse entsteht ein kompliziertes Netz aus Nasturan, das isolierte unveränderte Quarzstücke umgibt. Daraus folgt eine relativ späte Entstehung des Nasturans.

Interessant ist die in mehreren Fällen beobachtete Tatsache, daß der Urangehalt mit dem Silbergehalt ansteigt. Andererseits enthalten viele reiche Silbergänge überhaupt keine spürbaren Uranmengen.

5. Die Lagerstätten des Front Range, Colorado (USA)

Die Lagerstätten im Gebirgszug Front Range, inmitten des Gold- und Silbererzdistrikts von Gilpin und Boulder, haben in der letzten Zeit in Meldungen immer wieder eine Rolle gespielt, obwohl größere industrielle Objekte wohl auch hier selten sind. Diese Lagerstätten gehören zum Sulfid-Nasturan-Typ. Eine der bekanntesten ist die Lagerstätte Caribou.

a) *Die Lagerstätte Caribou*

Sie liegt im Boulder County und wird seit 1869 auf Silber abgebaut. Uran wurde erst 1945 festgestellt.

Der Stock Caribou (Abb. 22) hat in meridionaler Richtung 2,8 km Länge bei einer Breite von etwa 1,6 km. Er besteht aus den verschiedenartigsten Gesteinen, unter denen Quarzmonzonite, Monzonite, Olivinmonzonite, Gabbro und Pyroxenite am häufigsten sind. Die einen Forscher sehen in dieser Vielfalt der Gesteine das Ergebnis der Differentiation eines quarzmonzonitartigen Magmas, die anderen gehen von einzelnen Instrusionen verschiedenen Bestandes aus.

Der Stock wird von zwei Kluftsystemen in seinem zentralen Teil geschnitten: das eine hat O-Streichen, das andere NO-Streichen. Beide fallen nach N unter 70—90° ein.

Die Blei und Zink enthaltenden Erzlager sind an diese Kluftsysteme gebunden, finden sich in beiden und bilden an den Gangkreuzen Erzfälle.

Die uranführenden Gänge liegen in einem syenitartigen Nebengestein und stellen Abzweigungen vom Hauptgang dar, in dem spürbare Uranvererzungen nicht nachgewiesen werden konnten. Der bedeutendste Urangang, die „Radium vein", ist eine Abzweigung des mächtigen Silberganges „Nameless" und hat O-Streichen mit nördlichem Einfallen von 70—90°. Seine Mächtigkeit ist gewöhnlich geringer als 2,5 cm, schwillt gelegentlich jedoch bis auf 15 cm an. Trotz dieser geringen Mächtigkeit wurde das Nebengestein auf 0,9 bis 15 m, verändert. Diese macht sich im Hangenden stärker bemerkbar und setzt sich unabhängig von der Gesteinsart durch. An Erzmineralen sind vertreten: Nasturan, Pyrit, Chalkopyrit, Sphalerit, Galenit, Gersdorffit, Argentit, Proustit und gediegen Silber. Gangarten sind Quarz, Chalcedon, Calcit, Siderit und Baryt. Es wird angenommen, daß die Mineralisierung in zwei Phasen erfolgte, wobei Nasturan zur zweiten gehört.

b) *Die Lagerstätten des Bezirks Central City*

Größere Bedeutung als die vorhergehenden haben möglicherweise andere Lagerstätten des Front Range — uranführende Goldgänge. Fast alle Erze des Front Range lokalisieren sich in tektonischer oder eruptiver Breccie. Metasomatische Lager sind ganz unbedeutend verbreitet. Die Vererzung selbst ist vor allem von der Durchlässigkeit der Gesteine für hydrothermale Lösungen kontrolliert. Gangarten sind dabei meist Quarz, Ankerit, Fluorit und Baryt. Erzminerale — Pyrit, Sphalerit, Galenit, Chalkopyrit, Fahlerze usw., die Telluriden des Gold, Blei, Silber u. a. Die Nasturan-Gold-Pyrit-Gänge in Central City haben eine sehr wechselnde Mineralisation. Sie streichen NO 45° und haben steiles Einfallen. Ihre Mächtigkeit schwankt zwischen 0,3 und 1,5 m. Im Streichen sind sie bis auf 1800 m verfolgt worden, nach der Teufe zu bis zu 675 m. Es handelt sich sowohl um einzelne Gänge wie auch Gangzüge.

Es wird auch hier mit zwei Mineralisationsphasen gerechnet. Nasturan hat sich in der ersten zusammen mit Pyrit, Chalkopyrit und Quarz ausgeschieden. Das Nebengestein wurde serizitisiert und pyritisiert.

In der Lagerstätte Wood tritt Nasturan in einem Quarzgang zusammen mit Pyrit und Chalkopyrit, in der Lagerstätte German außerdem noch mit Sphalerit und Galenit und den vorhergehenden Mineralen auf. Es findet sich sowohl als Einsprengling wie auch in Form größerer Konzentrationen (unregelmäßige Anhäufungen und in Trümern). Das größte bisher gefundene Erzstück wog 100 kg und enthielt 88% U_3O_8. In der Lagerstätte Kirk Mines, die im wesentlichen auf Gold, Silber und Kupfer arbeitet, wurde ebenfalls ein recht großes Stück gefunden: 0,8 × 0,4 × 0, 3 m, obwohl Uran hier lediglich ein wertvolles, seltenes Nebenprodukt ist.

6. Uranhaltige Goldgänge

Damit ist bereits der Übergang zu einer Formation gemacht worden, die gegenwärtig noch geringe Bedeutung besitzt. Derartige Lagerstätten sind bisher nur aus zwei Bezirken bekannt: Front Range (USA) und Chihuahua (Mexiko).

In Chihuahua (Abb. 23), dessen nähere Umgebung vor allem aus schwarzen Schiefern aufgebaut ist, in welche einige wenige Sandstein- und Kalksteinschichten eingelagert sind, wird Porphyrgesteinsgängen, die diese Schieferpakete in WNW-Richtung schneiden, besondere Bedeutung für die Vererzung zugesprochen. 20—30 cm mächtige Gold-Uran-Gänge liegen im Kontakt der Porphyre mit den Schiefern. In ihnen wird Quarz, Calcit, seltener Feldspat, Pyrit und Magnetit neben Gold und Uraninit angetroffen. Letzterer kann Kristalle von mikroskopischen Ausmaßen bis zu 2,5 cm im Durchmesser bilden. Uraninit bildet in den Gängen in der Nähe der Gangwände isolierte Konzentrationen, wird jedoch auch als Einsprengling in der Gangfüllung angetroffen. Seine Verbreitung beschränkt sich auf einzelne Gangabschnitte.

Die Erzgänge bildeten sich nach der Verfestigung der Porphyrgänge. Uran und Gold wurden offensichtlich von den gleichen Lösungen ausgeschieden, welche auch die übrigen Gangarten brachten. Die Reihenfolge der Ausscheidung war: Pyrit, Uraninit und als letztes Gold.

7. Uranhaltige Flußspatlagerstätten

In den USA tritt Uran recht häufig in Flußspatlagerstätten auf. Es handelt sich dabei um Ganglagerstätten, pipes wie auch schichtartige Verdrängungslagerstätten. Der Urangehalt schwankt zwischen 0,008 und 0,32%. Praktische Bedeutung haben sie wohl nur in ganz vereinzelten Fällen erhalten.

Der Fluorit ist in den radioaktiven Abschnitten meist violett gefärbt. Dieses Leitmerkmal kennt jedoch eine

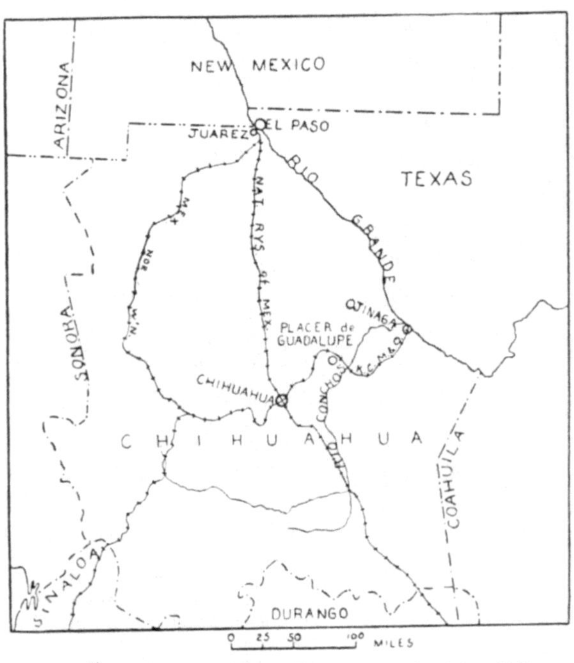

Abb. 23. Übersichtsskizze des Lagerstättenbezirks Chihuahua, Mexico. (Nach H. V. WARREN und R. W. LOOFBOUROW 1932.)

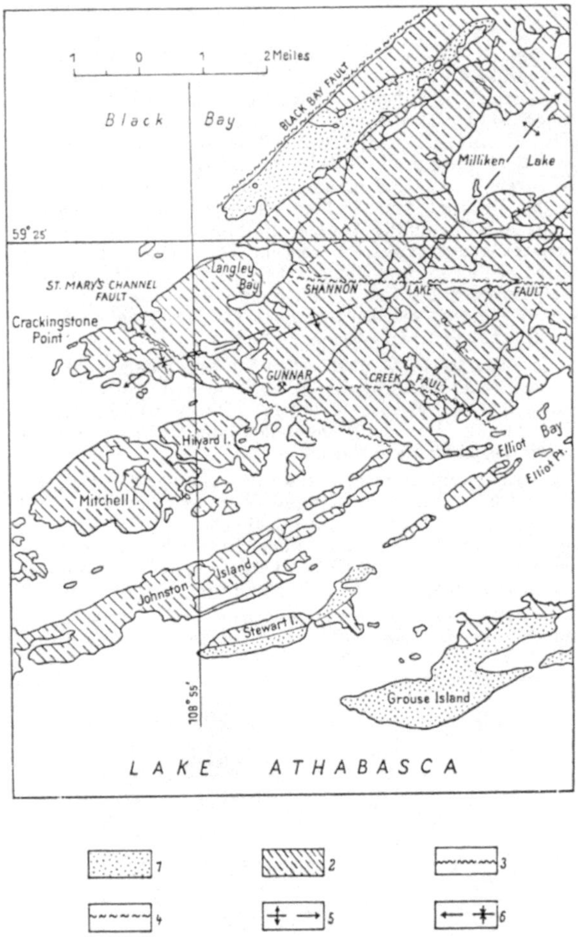

Abb. 24. Geologische Karte der Halbinsel Crackingstone mit der Lagerstätte Gunnar, Kanada. (Nach J. A. FRASER und S. C. ROBERTSON 1954.)

1 — Arkose, Sandstein und Konglomerat der Athabasca-Serie; 2 — Quarzite; Quarz-Feldspat-Gneise; Granito-Gneise und Amphibolite des Archaikums; 3 — Verwerfungen (ungefährer Verlauf); 4 — Verwerfungen (angenommene); 5 — antiklin. Falte (Pfeil zeigt Richtung des Eintauchens der Achse); 6 — synklinale Falte mit Richtung des Eintauchens der Achse

Reihe Ausnahmen von der Regel, manchmal ist z. B. der Urangehalt in weißen Flußspäten höher als in dunkelvioletten.

Die Lagerstätten werden meist in Beziehung zu Graniten und Porphyren gebracht. Die — meist mehrere — Flußspatgänge enthalten neben Fluorit, Baryt, Dolomit, Calcit, Quarz, Hämatit, Bleiglanz, Zinkblende, Pyrit und Nasturan.

Bei den meisten Lagerstätten wird das Alter der Uranvererzung mit varistisch angenommen.

8. Uranlagerstätten mit unklarer Genesis

In den letzten Jahren wurde über einige Lagerstätten berichtet, die auf Grund der vorliegenden Unterlagen zu keinem der bisher beschriebenen Typen gerechnet werden können. Ihre Zuordnung bleibt der Zukunft vorbehalten, wenn neue Untersuchungen die notwendige Klärung gebracht haben.

Hier beschränken wir uns auf die bekanntesten — und wohl auch bedeutendsten — Lagerstätten Gunnar (Kanada), Rum Jungle (Australien) und Shinkolobwe (Belgisch-Kongo).

a) Die Lagerstätte Gunnar (Kanada)

Gunnar (Abb. 24) gehört zu den Lagerstätten des Athabasca-Sees und liegt etwa 24 km südwestlich von Radium City. Sie wurde erst 1952 auf der Halbinsel Crackinghouse (Crackingstone?) entdeckt. Die Halbinsel ist aus archäischen Quarziten, Granito-Gneisen, Amphiboliten u. a. Gesteinen aufgebaut. Ihr Hauptstrukturelement ist eine Antiklinale mit NO-Streichen, welche in der gleichen Richtung auch eintaucht. Westlich von ihr liegt eine Synklinale, welche mit 40° nach SW einfällt. Auf der Halbinsel sind vier Hauptverwerfungen festgestellt worden. Eine (Black Bay) hat NO-Streichen 45° und fällt mit 65° nach SO ein. Die anderen streichen quer und fallen nach S ein. Die horizontalen Verwerfungsbeträge machen bei ihnen mehrere hundert Meter aus. Ihr Alter ist nicht festgestellt.

Die Lagerstätte Gunnar selbst ist aus Quarz-Feldspat-Gneisen aufgebaut, welche konkordant von grobkörnigen Granit-Gneisen überlagert werden. Die Vererzung ist an albitführende Monzonite gebunden, die im Kontakt der beiden Gneiskomplexe eingelagert sind.

Amerikanische Geologen sind der Meinung, daß sich der Granit-Gneis aus Sedimentgesteinen gebildet hat. Sie sehen den Beweis dafür in allmählichen Übergängen der Gesteine, welche sich quer zum Streichen der Gesteine beobachten lassen. KERR (1955) nimmt an, daß die Gesteinsveränderung magmatischen Einwirkungen geschuldet ist.

Der albitführende Monzonit wurde hydrothermal verändert, ebenso wie die Granit-Gneise (Serizitisierung, Hämatitisierung und Karbonatisierung). Die karbonatisierte Zone durchsetzt die Gesteine — auch den Granit — fast vertikal zur reliktartigen Schichtung, setzt sich jedoch im Quarz-Feldspat-Gneis nicht fort. Diese Zone verläuft annähernd parallel zur Längsachse des Erzkörpers. Der Erzkörper hat die Form einer nach Süden gestreckten Linse und taucht nach S unter 35° parallel zum Gneiskontakt ein. Er hat im horizontalen Querschnitt eine Länge von 330 m und eine Breite von 60 bis 180 m. Die Fortsetzung des Erzkörpers nach Süden ist durch Bohrungen nachgewiesen worden.

Das Erz besteht aus Uraninit und Uranophan, die in den albitführenden Monzonit eingesprengt sind. Uranophan nimmt nach der Teufe zu relativ ab. Ob die Vererzung durch Strukturelemente kontrolliert wird, ist noch umstritten. Lokale Anreicherungen finden sich nur in breccierten Zonen des Monzonits. Eine vorzugsweise Bindung des Uraninits an die Karbonate konnte nicht beobachtet werden. Mineralogische Neubildungen sind Calcit, Dolomit, Hämatit, Chlorit, Uraninit und Spuren von Pyrit, Chalkopyrit und Galenit. Uranophan bildet sich sekundär aus dem Uraninit. In 120 m Tiefe soll — nach KERR (1955) — Uranophan ein Drittel des Urangehaltes liefern.

Es wird mit drei Mineralisationsphasen gerechnet:

1. Karbonatisierung, wahrscheinlich vor der Vererzung.
2. Ablagerung des Uraninits in offenen, möglicherweise bei der Karbonatisierung entstandenen Räumen. Es verdrängt zum Teil Albit.
3. Supergene Veränderung des Erzes.

Die Karbonatisierung, bei welcher der Quarz im Monzonit verdrängt wurde, war anscheinend auf jene Gesteinspartien beschränkt, welche im Zusammenhang mit den O-Brüchen zerrüttet wurden. Große Bedeutung für die Lokalisation des Erzes hatte der albitführende Monzonit. KERR sieht zwischen Gunnar und den anderen Lagerstätten am Athabasca-See einen wesentlichen Unterschied nicht in der Genesis — er spricht sich für eine hydrothermale aus —, sondern in der Form der Verteilung des Erzes.

Vorratszahlen für diese Lagerstätte wurden bisher nicht veröffentlicht. Der Durchschnittsgehalt dürfte bei 0,1 bis 0,2% U_3O_8 liegen, in den reicheren Partien bei etwa 0,5%.

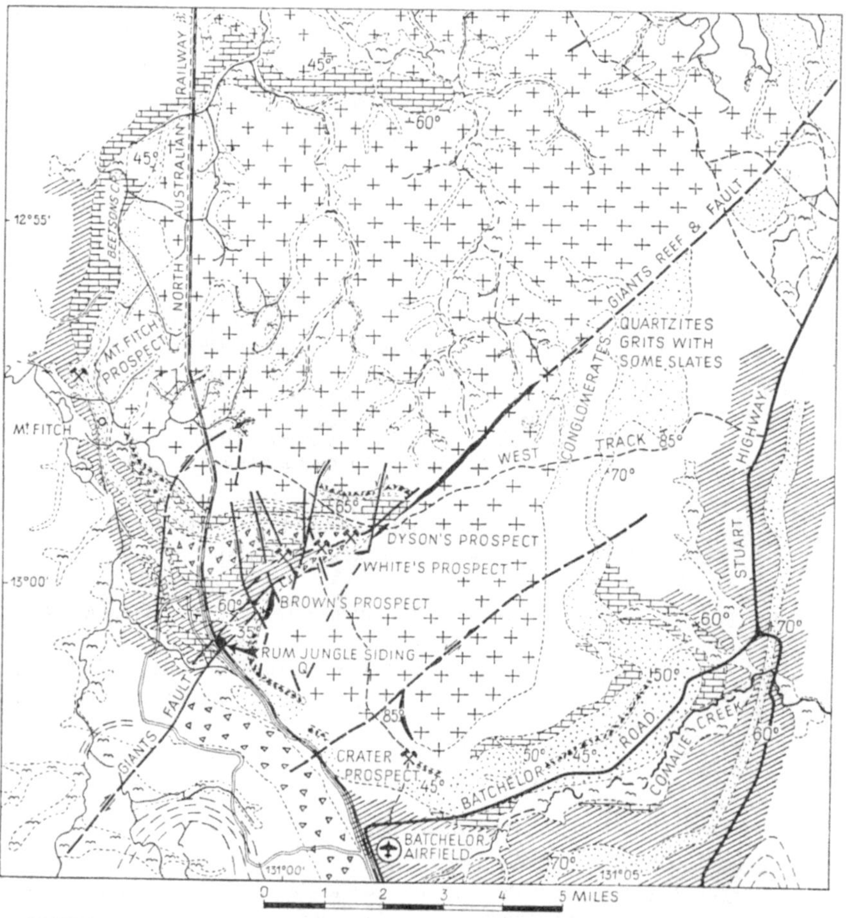

Abb. 25. Geologische Übersichtskarte des Lagerstättenbezirks Rum Jungle, Nordaustralien. (Nach MATHESON, WARD, ETEN, CARTER und MACKAY 1952)

1 — Schiefer; 2 — Quarzite und Quarzite mit Schiefereinlagen; 3 — Kalkstein (verkieselte und metamorphosierte); 4 — Quarzit-Breccie, Quarzite und grobkörnige Sandsteine; 5 — hämatisierte Breccie; 6 — präkambrische Granite oder granitisierte Sedimentgesteine; 7 — basische Gänge; 8 — Quarzgänge; 9 — Lockergestein; 10 — festgestellte (und) 11 — vermutete Verwerfungen; 12 — Uranvererzungen

b) Die Lagerstätte Rum Jungle (Nordaustralien)

Uran wurde hier erst im September 1949 entdeckt, nachdem im Bezirk schon seit 1859 Gold, Zinn, Wolfram, Kupfer, Silber, Blei und Tantal festgestellt worden waren.

Die Uranlagerstätten (Abb. 25 und 26) liegen am Südflügel einer kuppelartigen Aufwölbung präkambrischer Sedimente. Diese wurden nach der Faltung durch Brüche zerschnitten und von Graniten intrudiert. Das sedimentäre Paket besteht aus Sandstein, Quarzit, Geröllen, Konglomeraten, Breccien, kristallinem Kalkstein und Schiefer (oft kohlig und graphitisiert). Sie werden zum unteren Proterozoikum gerechnet und führen die Bezeichnung Brocks Creek. Den Zentralteil der kuppelartigen Struktur nimmt ein Granitkomplex (Granite und granitisierte Sedimente) ein. In ihm wurden Quarz- und Diabasgänge festgestellt.

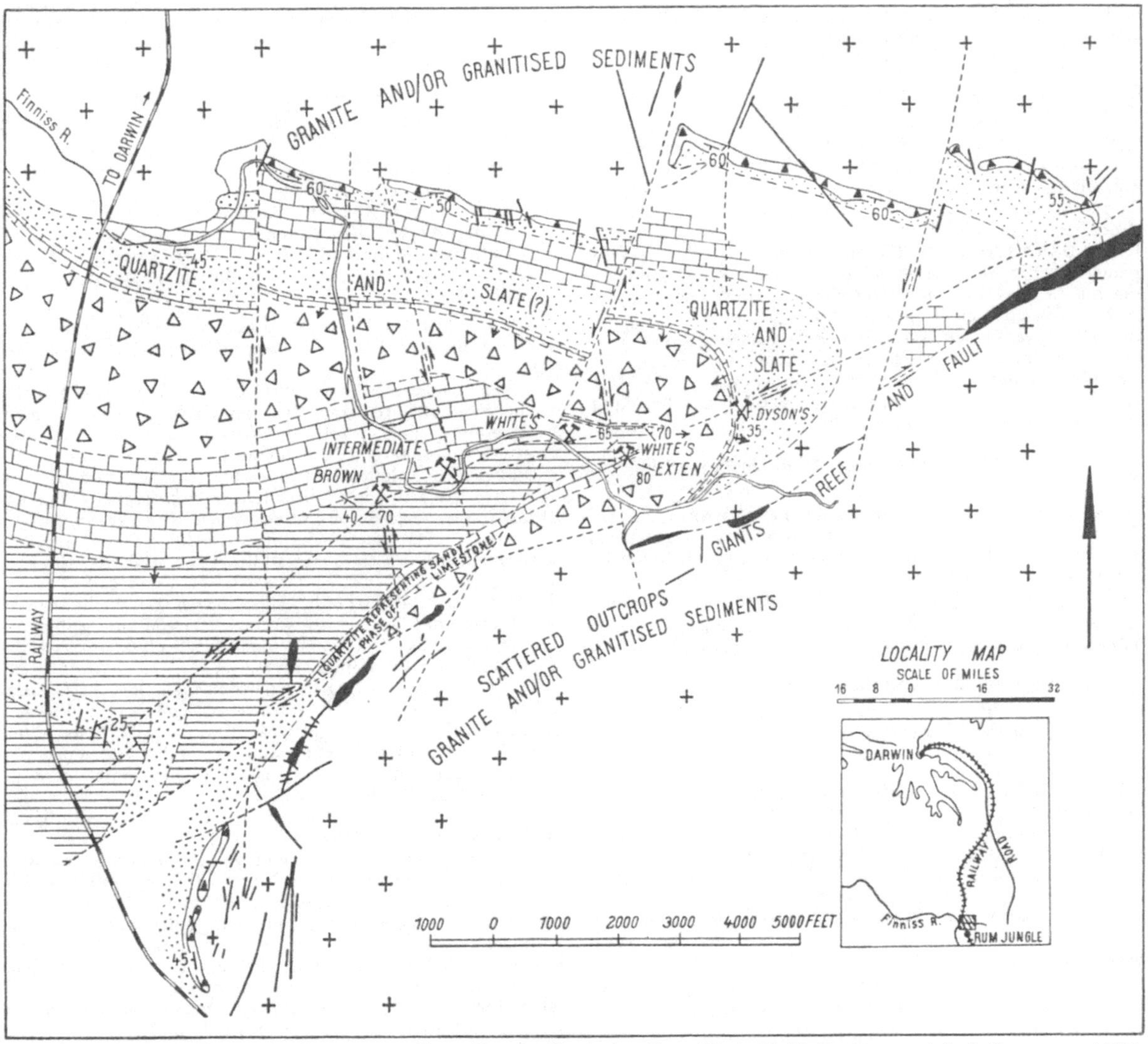

Abb. 26. Geologische Karte der Lagerstätte Rum Jungle, Nordaustralien. (Nach N. H. FISHER und C. J. SULLIVAN 1954) (Legende s. Abb. 25). Horizontalschraffur hier: Schiefer

Die Gesteine der Gruppe Brocks Creek wurden in präkambrischer Zeit disloziert. Als sich die Kuppel Rum Jungle bildete, wurden die Schiefer als unkompetente Schichten nochmals gefaltet, entwickelte sich neben der Schieferung eine Clivage.

Das wichtigste Strukturelement des Bezirks Rum Jungle ist die Verwerfung Giant Reef, welche auf 50 Meilen verfolgt werden konnte. Sie schneidet die Kuppel in ihren nördlichen Ausläufen, besitzt NO-Streichen, steiles, wenn auch wechselhaftes Einfallen. Der horizontale Verwerfungsbetrag wird mit 5,2 km angegeben. Längs der Verwerfung sind mächtige Quarzlager aufgefunden worden. Etwa parallel zum Giant Reef schneiden zwei andere die Kuppel. Mit ihnen wird die Verknetung und Zertrümmerung der Gesteine in Verbindung gebracht. In späterer Zeit bildeten sich Querbrüche mit NNO- und NW-Streichen, die u. a. auch das Giant Reef verworfen haben. Sie sind meist ebenfalls durch Quarz verheilt. Eine dritte Gruppe — zeitlich nach der Vererzung bzw. noch jünger — sei lediglich erwähnt.

Die ersten Uranvererzungsspuren wurden längs der NO-Verwerfung angetroffen. Bis Ende 1952 waren im Bezirk bereits sechs Lagerstätten entdeckt worden, davon zwei in einiger Entfernung von der eigentlichen Lagerstätte Rum Jungle. Die restlichen vier ziehen sich nordöstlich von der Brown-Lagerstätte hin. Wenn Brown als eine kupferreiche uranarme Lagerstätte bezeichnet werden kann, muß die östlichste Dyson-Lagerstätte als kupferarme und uranreiche bezeichnet werden. Whyte — eine der mittleren — ist eine typische Reichkupfer-Uranlagerstätte. (Der Prospektor WHYTE hatte hier 1949 Torbernit in einem Schurfgraben beobachtet, der auf der Suche nach Kupfer angelegt worden war.)

Lithologisch sind die Lagerstätten teils an Konglomerate bzw. Sandsteine, teils an Kohlenschiefer und seine graphitische Abart gebunden. Uran tritt entweder zusammen mit Kupfer und Blei auf oder ohne diese. Zusammen mit Quarz und Hämatit wurde Uran auch auf kleinen Spalten im Granit angetroffen. FISHER und SULLIVAN schreiben hierzu (1954):

„Uranerz wird meist in feinkörnigen Schichten angetroffen, insbesondere im Graphitschiefer. Die Lagerstätten werden durch Deformation der Schichten kontrolliert — durch Faltung oder Verwerfung. Erzschichten werden in Rum Jungle innerhalb einer halbmeilenbreiten Zone um ein Granitmassiv angetroffen. Keine einzige Lagerstätte von Bedeutung ist jedoch im Granit selbst aufgefunden worden.“

In der Kontaktzone wurden auch kleinere Nester mit Co-Cu-U-Mineralen angetroffen. Die Vererzung ist bisher relativ schwach untersucht bzw. nur spärlich veröffentlicht worden. Besonders charakteristisch scheint die in Dyson festgestellte Assoziation der Uranminerale mit feinmächtigen Kohleschieferschichten in Wechsellagerung mit Quarzit und Kalkstein zu sein.

Für White wurde angeblich festgestellt, daß Cu stärker an das Schieferpaket gebunden ist, während Uran in größere Tiefen mit anderen Gesteinen hinabsetzt. Die Tatsache jedoch, daß sich die Lagerstätte im NO ebenfalls in Kohle- und Graphitschiefern fortsetzt, wobei diese Schichten relativ tief eintauchen, spricht gegen diese Meinung.

Die Genesis der Lagerstätte ist — obwohl hydrothermale angenommen wird — noch keineswegs klar.

c) *Die Lagerstätten des Belgisch-Kongo*

Über diese wohl bedeutendsten Uranlagerstätten wurden bisher sehr wenig geologische Daten veröffentlicht. Fast alle Autoren (KRUSCH, KOHL, DOMAREW u. a.) beziehen sich entweder auf Daten, welche in Zusammenhang mit den Kupferlagerstätten Katangas veröffentlicht wurden oder auf ältere Arbeiten wie SCHOEP (1930) oder THOREAU und TRIEU DE TERDONCK (1933). Sie begründen ein solches Vorgehen damit (z. B. DOMAREW), daß „die Uranmineralisation eng mit der des Kupfers verbunden ist" und auch in genetischer Hinsicht „ein Ganzes" bilden. DERRIKS und VAES, die 1955 in Genf einen ausführlichen Bericht über Shinkolobwe vorlegten, lehnen diese Auffassungen entschieden ab und räumen der Lagerstätte eine Sonderstellung ein. Alle diese Umstände rechtfertigen eine eingehendere Beschreibung dieser berühmten Lagerstätte.

1. Die Uranvererzung in der Erzprovinz Katanga-Nordrhodesien

Die Lagerstätten des Erzgürtels der Provinz Katanga und Nordrhodesiens gehören zu den Hauptlieferanten der Welt für Kobalt und Uran und spielen eine bedeutende Rolle in der Kupferförderung. Daneben werden als wichtige Beiprodukte Silber, Kadmium, Platin, Palladium u. a. gewonnen.

Über die Bedeutung dieses Gebietes sprechen folgende Ziffern (Angaben nach ROBERT-DOMAREW 1946/1956):

Kobaltförderung der kapitalistischen Welt im Jahre 1938	4087 t
Davon aus Katanga	1530 t
aus Nordrhodesien	1450 t

d. h. beide lieferten 2980 t oder fast 73% der Weltförderung. 1945 förderte allein Katanga schon etwa 3000 t Kobalt! Die Kupfervorräte wurden 1946 (bei Erzgehalten von über 6% Cu) für Katanga mit 7 Millionen Tonnen angegeben. Wenn ärmere (unter 6%) Erze einbezogen werden, ergibt sich für Katanga eine Ziffer von 9—12 Millionen Tonnen, für Rhodesien 17—20 Millionen Tonnen. Die Bedeutung dieser Erzprovinz wurde durch die Entdeckung der Uranvererzung stark erhöht.

Für das Gebiet fehlt vorläufig noch eine einheitliche stratigraphische Gliederung. In etwas vereinfachter Form könnte sie folgendermaßen gegeben werden:

1. Das „kristalline Fundament" besteht aus zwei „Systemen":

a) Lufulu: stark metamorphosierte kristalline Schiefer und Gneise mit Graniten (gehört wahrscheinlich zum Archaikum).

b) Muwa: stark metamorphosierte Gesteine (primär anscheinend Schiefer und Sandsteine, die möglicherweise ins Algonkium gehören).

Mit großer Diskordanz liegt auf diesem Fundament

2. Die Katanga-Gruppe, welche von DERRIKS und VAES eingeteilt wird in

a) System Kundelungu (Sandsteine, Schiefer, Kalksteine und seltener Konglomerate),

b) System des Großen Konglomerats und Mwashia (Quarzite, Schiefer, Dolomite u. a.),

c) Schiefer-Dolomit-System = Roan-System — „Serie des Mines", der „Erzserie", über die später gesprochen werden wird.

Alle großen Kupfer- und Uranlagerstätten des Gebiets liegen im unteren Teil der Katanga-Gruppe, fast ausschließlich in der „Erzserie".

Allgemein gesehen hat die „Erzserie" gewisse lithologische Ähnlichkeiten mit den Schichten, welche Kupfersandsteine enthalten und in welchen u. a. die Carnotit-Lagerstätten anderer Provinzen aufgefunden werden.

Die metamorphen Gesteinsveränderungen sind in der „Erzserie" relativ unbedeutend, das ursprüngliche Gestein ist fast immer megaskopisch zu erkennen. Die Veränderungen machen sich fast nur im Zement der klastischen Gesteine bemerkbar, in dessen Umkristallisierung und der Regeneration einzelner Körner, in der Ausbildung von Talk, Serizit, Biotit, Quarz und Turmalin. Allerdings gibt es auch einzelne Abschnitte mit intensiver entwickeltem Metamorphismus der Gesteine. Die Dolomite werden fast immer umkristallisiert, geschiefert und chloritisiert.

Die Vorstellungen über den tektonischen Bau des Bezirks haben in letzter Zeit nicht unwesentliche Veränderungen durchgemacht. Ein endgültiges Bild ist z. Z. aus allen Einzelbeobachtungen wohl kaum zu erhalten. Vorläufig können folgende Tatsachen als gesichert betrachtet werden:

1. Südkatanga ist als Synklinorium zu betrachten, das im NW von den Kubara-Bergen, im S und NO vom afrikanischen Schild begrenzt wird.

2. Dieses geosynklinale Gebiet wurde an der Grenze der „Erzserie" zum System Kundelungu intensiv gefaltet, wobei die Schubkräfte anscheinend in meridionaler Richtung von Süden aus wirksam waren und dem Faltenzug die heute vorliegende bogenartige Erstreckung gaben. Diese Vorstellung findet ihre Grundlage in der intensiveren, steilen, teils überkippten Faltung, durchsetzt von Brüchen und Überschiebungen im Norden des Bogens und breiter und flacher angelegten Falten im Süden (Nordrhodesien).

3. DERRIKS und VAES (1955) heben diese Tatsache besonders hervor und leiten aus ihr die — im Aufblick betrachtet — flexurartige Verbiegung der Falten im Westen des Gebietes her.

4. Die Störung Shinkolobwe hat nach diesen Autoren besonders große Bedeutung für die geologische Interpretation der Lagerstätte. Eine durch Brüche komplizierte Falte erhält hier z. T. den Charakter einer Überschiebung, hinterläßt eine bedeutende Kundelungu-Scholle (den sogen. „Balkon Shinkolobwe"), durch welche die „Erzserie" gewissermaßen eingeklemmt wird, weshalb sie sich um die Scholle herumschmiegt.

In Katanga sind viele Lagerstätten an derartige einzelne Schollen, meist jedoch der „Erzserie", gebunden, die dann auf der Kundelungu-Serie liegen.

Die Lagerstätten Katangas und Nordrhodesiens zeichnen sich dadurch aus, daß die Gehalte auf große Ausdehnungen hin sehr beständig sind.

Die Uranvererzung wurde im Erzgürtel erstmalig 1913 beobachtet, 1915 wurde sie auf Shinkolobwe festgestellt und gilt heute als typisch für das ganze Gebiet, obwohl sie noch keineswegs in allen Lagerstätten nachgewiesen werden

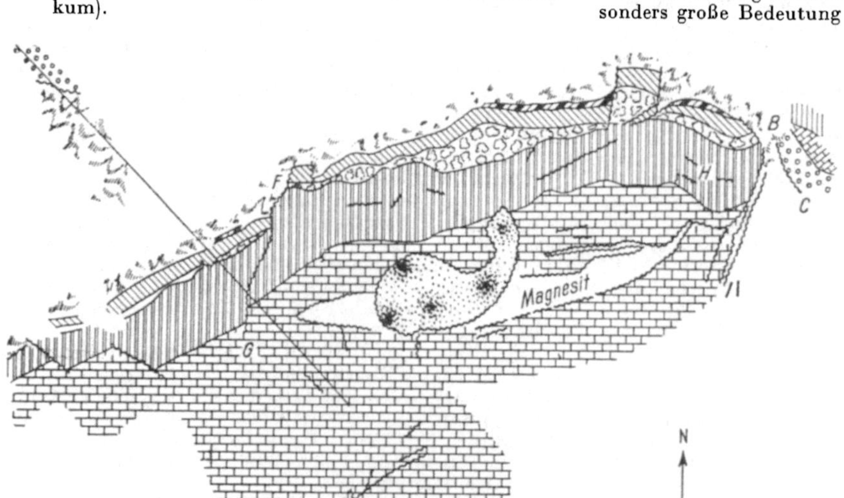

Abb. 27. Horizont 150 m der Uranlagerstätte Shinkolobwe. (Nach J. J. DERRIKS und J. F. VAES 1955)
(Legende s. Abb. 28)

konnte. Wirtschaftlich wichtig sind Luiswishi und vor allem Shinkolobwe.

2. Die Lagerstätte Shinkolobwe

Shinkolobwe liegt am Westende der großen NW streichenden Synklinorie (320 km lang, 105 km breit). Für das engere Gebiet der Lagerstätte haben zwei Gesteinskomplexe besondere Bedeutung: die jüngere Kundelungu-Serie (deren Gesteine nach ihrer metamorphen Veränderung als Argillite, Quarz- und Glimmerschiefer und Konglomerate vorliegen) und die ältere, die „Erzserie" (Abb. 27 und 28). Der fast horizontale Erosionsanschnitt hat die strukturell recht charakteristischen Verwerfungen und umgekippten Falten tief erfaßt.

Über die Stratigraphie der „Erzserie" im Bereich der Lagerstätte liegen mit der Veröffentlichung von DERRIKS und VAES erstmals detaillierte Angaben vor, nachdem bisher (KRUSCH, KOHL, DOMAREW u. a.) das Bild wie folgt dargestellt wurde:

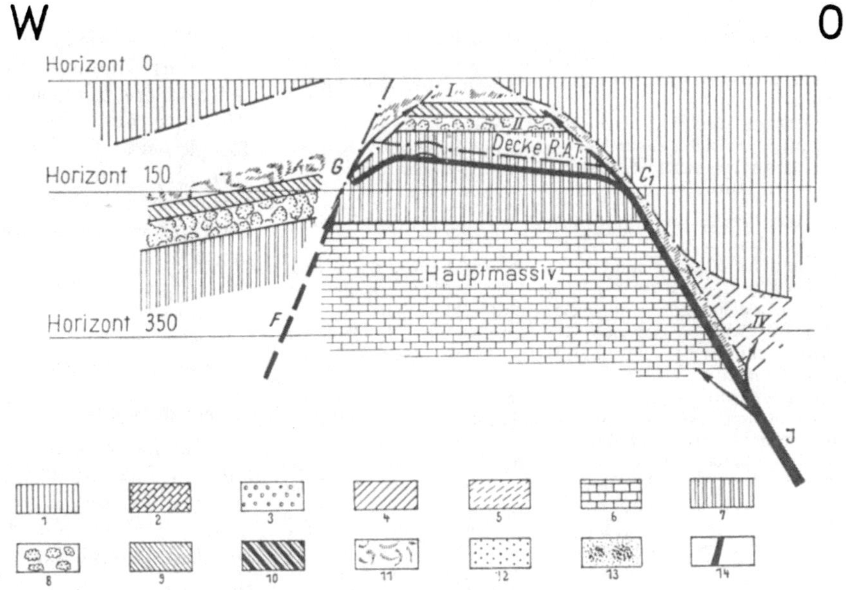

Abb. 28. Schematischer Querschnitt durch die Uranlagerstätte Shingolobwe. (Nach J. J. DERRIKS und J. F. VAIS 1955)

1 – mittleres Kundelungu; 2 – rötl. Kalkstein; 3 – Kleines Konglomerat; 4 – Unteres Kundelungu; 5 – Schicht Kasolo; 6 – C. M. N.; 7 – S. D.; 8 – R. S. G.; 9 – R. S. F.; 10 – R. A. T. Gr.; 11 – R. A. T.; 12 – Unteres Roan; 13 – Breccie; 14 – Urangang

1. Dolomitisierte Kalksteine . . . . 100 m
2. Dolomitisierte Schiefer mit Graphit- und Kohlenschiefereinlagen sowie feinen dolomitisierten Kalkeinlagen. . . . . 50 „
3. Dolomitisierter kieseliger Kalkstein in zelliger Ausbildung. . . . . 15 „
4. Dolomitisierte kieselige Kalksteine . . . . . 15 „

(von oben nach unten)

Nach den neuesten Mitteilungen verändert sich diese Darstellung:

Tabelle 7

Die „Serie des Mines" im Bereich der Lagerstätte Shinkolobwe

Bezeichnung der Glieder	Horizonte	Lithologischer Bestand	Mächtigk. (in m)
C. M. N.	E 2	Sandige Dolomite	mehr als 75
	E 1c	Kieselige vertalkte Dolomite	60
	E 1b	Magnesite	130
	E 1a	nadelförmige Dolomite	25
S. D.		Glimmer- u. Dolomit-Schiefer	30
R. S. C.		Kieselige Dolomite	0–20
R. S. F.-D. strat.		Magnesite	9
R. A. T. Gr.		sandige Dolomitschiefer	10
R. A. T.		Schiefer und Dolomite	?

Die Lagerstätte Shinkolobwe wird von einem Massiv der „Erzserie" aufgebaut, das in einer der durch Brüche und Überschiebungen noch komplizierten Falten der Katanger Synklinorie liegt. Die Dolomit-Schiefer-Schichten der „Erzserie" wurden steil gefaltet, auf die Kundelungu-Schichten überschoben und haben gegenwärtig etwa OW-Streichen. In Abb. 28 ist eine schematische Darstellung der Lagerstätte gegeben. Die Bruchzonen FG und C_1J liegen fast symmetrisch zu einander, die erste hat W-, die andere O-Einfallen. Die vererzte Zone liegt zwischen beiden Brüchen und wurde bis auf 255 m Teufe festgestellt. Im zentralen Teil der Lagerstätte fehlt sie tiefer, längs der Zone FG sind noch ihre Spuren festzustellen, zu beiden Seiten der Zone C_1J hält die Vererzung dagegen weiter an. DERRIKS und VAES sehen in beiden Bruchzonen Zufuhrkanäle der mineralisierten Lösungen, wobei offensichtlich die Zone C_1J größere Bedeutung als FG hatte.

Gestützt auf diese Beobachtungen sprechen sich beide Geologen entschieden für die hydrothermale Entstehung der Lagerstätte aus. Ihren Ablauf stellen sie sich etwa folgendermaßen vor (s. Abb. 28): Die mineralisierenden Lösungen stiegen auf und — nachdem sie Punkt J erreicht hatten — erfaßten sie Block IV im Osten und die Randpartien der C. M. N. und S. D. des zentralen Massivs im Westen. Nachdem die Lösungen etwa Punkt C_1 erreicht hatten, verzweigten sie sich: ein Teil stieg im Kontakt der Kundelungu-Serie weiter hoch und vererzte die Blöcke I und II, ein anderer Teil durchquerte unter der Decke R. A. T. den zentralen Teil der Lagerstätte, sammelte sich etwa in Höhe des Horizonts 114 hier an, durchbrach die Gesteine, um sich zwischen den Horizonten 132 und 150 mit den Lösungen der Bruchzone FG zu vereinen, zwischen den Horizonten 132 und 79 eine Reicherzzone zu bilden und nach weiterem Aufstieg die bereits begonnene Vererzung der Blöcke I und II zu vollenden. Der komplizierte Weg der Lösung unter der Decke R. A. T. wird — nach den genannten Autoren — durch vertalkte Tonschichten der Lösung aufgezwungen.

Diese Vorstellungen unterscheiden sich wesentlich von den früher geäußerten anderer Autoren, z. B. DOMAREW. Bekanntlich hatte 1931 auch SCHNEIDERHÖHN die Lagerstätte zum sedimentären Typus gerechnet, 1944 sie jedoch der Bi-Co-Ni-Formation zugeteilt und beschreibt sie gegenwärtig (1955) als katathermale quarzige Urangänge. In den letzten Jahren ist wiederholt erneut die sedimentäre Genesis der Lagerstätte vertreten worden. DOMAREW untersucht eingehend das Für und Wider und schreibt abschließend — allerdings waren ihm die Arbeiten KERRS, DERRIKS und VAES unbekannt —: „Die Erzminerale und ihre Erscheinungsformen zeugen nicht von einer hydrothermalen Genesis der Vererzung. Sie können ebenfalls erklärt werden, wenn man von einer anderen Position aus herangeht."

Dieser Eindruck mußte deshalb entstehen, weil in den ersten Betriebsjahren (bis 1936) nur im Tagebau etwa 100000 t radioaktiver Erze gefördert und dabei lediglich Minerale der Oxydationszone angetroffen wurden.

Nach KERR (1955) sind an der Bildung der Uranvererzung eine Reihe Prozesse beteiligt. Wiederholte tektonische Bewegungen führten zur Klüftung des Gesteins, wodurch die Zirkulation mineralisierter Lösungen erleichtert wurde. Günstige Nebengesteine beeinflußten unmittelbar die Ausfällung des Urans. Uranminerale häuften sich in Gängen und Trümern längs der Schichtflächen, zuweilen auch in Form von Einsprenglingen im untersten Horizont der „Erzserie".

Das Erz besteht in der Tiefe häufig nur aus Uraninit, z. T. aus Uraninit und den Sulfiden des Co und Ni. Uraninit tritt in guten Kristallen auf, deren größte bis zu 4 cm Kantenlänge der Würfel aufweisen. In der Oxydationszone wird Uraninit durch sekundäre Minerale ersetzt, häufig erfolgt das in situ. In anderen Fällen — dank der Migration der Uranlösungen

— wurden ganze Trümer durch sekundäre Uranminerale braun, grün oder gelb gefärbt. Monazit wird in Form winziger Kristalle in den Gängen, jedoch auch als Anhäufungen angetroffen.

DERRIKS und VAES weisen die weit verbreiteten Vorstellungen über die engen Beziehungen zwischen der Kupfer- und Uranvererzung in den Lagerstätten Katangas mit folgenden Hinweisen zurück:

1. In allen Lagerstätten, welche mit der „Erzserie" verbunden sind, herrscht Kupfer vor. Das Minimalverhältnis zwischen Cu und Co sinkt nie unter 6:1 herab. Kupfer ist auch in Shinkolobwe weit verbreitet, jedoch in solchen Mengen, daß nicht von einer Lagerstätte gesprochen werden kann. Dafür ist im Gegenteil der Co-Gehalt sehr hoch. Diese anomale Situation ist zumindestens für Katanga außergewöhnlich.

2. Fast alle Lagerstätten Katangas (außer Kipushi) haben schichtartige Formen. Shinkolobwe als Ganglagerstätte weicht von dieser Regel ab.

3. Die reichen Ni-Gehalte in Shinkolobwe weichen ebenfalls von den klassischen Lagerstätten in Oberkatanga ab, in denen Ni fast völlig fehlt.

4. Die landläufige Verbindung von Kupfer und Uran für die Katanger Lagerstätten läßt unberücksichtigt, daß Uran in allen Kupfererzkörpern unmittelbar überhaupt fehlt. Es häuft sich lediglich in sehr kleinen Taschen unter der Ton-Talk-Formation und verrät keinerlei genetische Beziehungen zur eigentlichen Lagerstätte.

5. In allen Lagerstätten wird die Lokalisierung der Uranvererzung stark durch die für die Lösungen undurchlässigen Ton-Talk-Schichten kontrolliert bzw. gelenkt. Das gilt auch für die seltenen Uranfunde in Kupferlagerstätten.

Diese Überlegungen und Tatsachen beweisen nach DERRIKS und VAES die besondere Stellung Shinkolobwes unter den Lagerstätten Katangas. Die Bedeutung der Metalle Uran, Kobalt und Nickel entspricht der Reihenfolge ihrer Aufzählung. Kobalt und Nickel haben enge Bindungen, Nickel hat von beiden die engste zu Uran.

DERRIKS und VAES stellen die pneumatolytische und hydrothermale Genesis der Lagerstätte mit folgenden Phasen dar:

1. Magnesit bildet Gänge und verdrängt Dolomite der „Erzserie".
2. Kristallisation des Uraninits.
3. Zufuhr von Selen, Molybdän, Kristallisation des Monazits und Chloritisierung einiger Schichten der „Erzserie".
4. Bildung der Co- und Ni-Sulfide.
5. Zufuhr von Kupfer.

Es folgt die Bildung sekundärer Minerale.

X. Beschreibung exogener Uranlagerstätten

1. Einleitende Bemerkung

In der Oxydationszone zersetzen sich die primären, wenig widerstandsfähigen Uranminerale relativ leicht und es bilden sich Minerale des 6wertigen Urans. Diese wiederum sind leicht löslich und können daher auf beträchtliche Entfernungen durch das Grundwasser u. a. übertragen werden. Dennoch können selbst unter diesen Umständen bei entsprechend günstigen Verhältnissen in der Oxydationszone Urananreicherungen entstehen.

Aus vadosen Lösungen, welche sich in der Verwitterungszone an der Erdoberfläche bilden, kann Uran leicht durch Material adsorbiert werden, welches Eisen, Kieselsäure oder Ton enthält. Zu wirtschaftlich interessanten Konzentrationen führen diese Prozesse jedoch äußerst selten (Mt. Painter in Australien nimmt hier eine Ausnahmestellung ein). Größere Bedeutung besitzen die sedimentären Lagerstätten.

Mechanische Konzentrationen von Uran in Seifen sind infolge der geringen Widerstandsfähigkeit der primären Uranminerale nicht zu erwarten. Eine Ausnahme bilden hier die Monazitsande. Monazit ist jedoch ein Thorium-Mineral mit geringen Beimengungen von U_3O_8. Uran kann hier — wie in Indien — nur ein Nebenprodukt der Thoriumgewinnung sein.

Besondere Beachtung verdient das Konglomerat des Witwatersrand (Südafrika) und die ihm analogen Konglomerate an der Nordküste des Huron-Sees (Kanada). Auf das Witwatersrand-Konglomerat als Uranlieferant wurde in der deutschen geologischen Literatur wiederholt hingewiesen (REH 1956 und 1957, WATZNAUER 1957). Aus diesem Grunde wird nachfolgend im wesentlichen nur Ergänzendes zur Genesis berichtet.

Besonders wichtig sind in dieser Lagerstättengruppe die eigentlichen sedimentären Lagerstätten des Urans.

2. Verwitterungslagerstätten

Diese Lagerstätten besitzen gegenwärtig und wohl auch in Zukunft nur geringe praktische Bedeutung. Portugal, das seit 1911 an der Uranproduktion beteiligt ist (maximal im Jahre 1927), beutete in der Vergangenheit fast ausschließlich Verwitterungslagerstätten aus, sieht gegenwärtig jedoch in den unverwitterten Pegmatitkörpern interessantere Objekte und hat nach neuesten Berichten seine Aufmerksamkeit auf hydrothermale Gänge konzentriert (R. CAVACA 1955), auf welche jedoch hier nicht eingegangen werden wird.

Der Norden Portugals zwischen den Flüssen Duero und Tajo ist aus mächtigen Granitmassiven aufgebaut, zwischen welche Streifen paläozoischer und archäischer Gesteine eingezwängt sind. Quarzgänge durchsetzen sowohl die Granite als auch die sie umgebenden Gesteine.

Die Lagerstätten sekundärer Uranmineralisation sind nach Mitteilungen verhältnismäßig einfach und einheitlich aufgebaut. Die Quarzgänge sind verwittert, in ihnen haben sich kaolinartige Bänder und Taschen sowie brecciierte Abschnitte gebildet. Die Uranminerale, Autunit und Torbernit, bilden feine Bestege auf den Salbändern und zwischen den Quarzstreifen, in drusenartigen Hohlräumen, auf Klüften und Rissen und zum Teil auch im benachbarten Granit. Die Quarzgänge sind oft nichts anderes als die Fortsetzung großer pegmatitischer Hohlräume im Granit, die zum Teil kilometerlange Erstreckung aufweisen. Im Erz sollen neben den Uranmineralen noch Chalkolit u. a. anwesend sein. In letzter Zeit neigt man dazu, diese Lagerstätten als in der Oxydationszone angereicherte uranführende Pegmatite zu betrachten.

Anders geartet ist die Lagerstätte Mt. Painter (Australien) (s. Abb. 17). Der Bezirk besteht aus wahrscheinlich präkambrischen intrusiven und sedimentären Gesteinen, die vermutlich im oberen Kambrium von Graniten intrudiert wurden. Auf viele Kilometer wurden parallel zum Bergzug Mt. Painter eine grobe Breccie und Konglomerat verfolgt. Etwa am Ende des Kambriums wurden mächtige Störungszonen in den Graniten und anderen Gesteinen infolge tektonischer Prozesse gebildet, in denen Emanationen aufstiegen und Quarz, Fluorit, Baryt, Monazit, uranhaltiges Ilmenit, Hämatit u. a. ablagerten. Hierbei entstanden allerdings noch keine Lagerstätten.

In der näheren Umgebung von Mt. Painter wurden später die Gesteine intensiv durch Kieselsäure führende Lösungen verändert. Es bildeten sich Quarz, Martit, Psylomelan, Limonit u. a., darunter auch Uranminerale wie Torbernit, Autunit, Metatorbernit, Uranophan und Gummit. Diese Minerale sind mit dem Quarz verwachsen oder bedecken seine Körner ebenso wie Kluftwände oder bilden den Zement für breccierte Gesteine. Beobachtet wurden hier auch solche Uranminerale wie Chalkouranit, Uranospinit, Zeunerit, Uranosphärit und Carnotit. An anderer Stelle wurden Eisenerzlager aus Hämatit mit Quarz und violettem bis schwarzem Fluorit festgestellt. Der Urangehalt betrug 0,27%. Derartige Funde sind relativ zahlreich.

Man nimmt an, daß der primäre Erzkörper der Granit war, welcher Magnetit, Monazit und die primären Uranminerale enthielt. Die Granite wurden später brecciert, in der Störungszone zirkulierten Grundwässer, welche das Uran u. a. lösten und später wieder in Form sekundärer Minerale ablagerten.

3. Sedimentäre Lagerstätten

a) *Uranhaltige schwarze Schiefer*

Diese Gesteine besitzen eine weltweite Verbreitung. Sie sind in Osteuropa, Skandinavien ebenso bekannt wie im Norden der USA, in Asien und an anderen Orten. Nachdem 1893 erstmalig in den schwedischen Alaunschiefern des Kambriums Uran festgestellt worden war, wurde es später auch in den analogen Schichten des Devon und Karbon im Osten der Zentralgebiete der USA u. a. gefunden. Der Urangehalt bewegt sich gewöhnlich in sehr niedrigen Grenzen (bis 0,02%), ist jedoch relativ gleichmäßig.

Nicht alle bituminösen oder kohligen Schiefer enthalten Uran. Amerikanische Geologen sind der Meinung, daß diese Eigenschaft nur die marinen Bildungen besitzen. In dieser allgemeinen Formulierung dürfte diese Behauptung kaum aufrechtzuerhalten sein.

Marine uranhaltige Schiefer haben eine dunkle bis schwarze Farbe, sind reich an organischem Material und Sulfiden und arm an Karbonaten. Anscheinend sind die uranreichsten Schiefer zugleich die reichsten an organischem Material (z. B. der Kolm in Schweden). Das Verhältnis zwischen beiden Komponenten ist jedoch in jeder Formation spezifisch und kann sogar innerhalb einer Formation stark schwanken. In den bituminösen Schiefern sind die Urangehalte in der Regel höher als in den kohligen, obwohl diese Verallgemeinerung noch der Überprüfung bedarf.

In den Schiefern assoziiert sich Uran zwar nicht mit den Sulfiden, der Gehalt des einen wächst jedoch mit dem Gehalt der anderen. Charakteristisch ist die Abwesenheit der Karbonate des Calciums und des Magnesiums. In Einzelfällen wurde beobachtet, daß selbst geringe Karbonatgehalte von bedeutenden Senkungen des Urangehaltes begleitet werden.

Uran findet sich anscheinend in der feinkörnigen Fraktion der schwarzen Schiefer und ist selbst mikroskopisch in der Regel nicht zu erkennen. Es ist nicht ausgeschlossen, daß Uran in organischen Verbindungen vorliegt bzw. mit dem organischen oder tonigen Material verbunden ist. Uran kann u. U. auch in adsorbiertem Zustand vorliegen, da die Adsorbtion des Urans durch tonige, kieselige und andere Kolloide bei Oberflächenprozessen wiederholt beobachtet wurde.

Hinsichtlich der Genesis der Vererzung können heute folgende Schlüsse gezogen werden:

1. Die Vererzung erfolgte syngenetisch, d. h. während der Bildung des Schiefers. Dafür zeugen:

a) die aushaltende Verbreitung selbst geringmächtiger uranführender Schichten auf sehr großen Flächen,

b) die uranführenden Schichten haben dabei hinsichtlich ihrer Struktur, Porosität und Durchlässigkeit die gleichen Eigenschaften wie andere nichturanführende Schichten des gleichen Verbandes.

2. Als Ursprung der Uranvererzung muß mit großer Wahrscheinlichkeit der Urangehalt des Meerwassers angenommen werden. Obwohl gegenwärtig das Meerwasser nur sehr geringe Uranmengen enthält und — allgemein gesehen — nur der Clark-Gehalt an Uran in den schwarzen Schiefern hätte entstehen können, spricht für diese Annahme

a) die große flächenhafte Verbreitung der Vererzung,

b) die relativ gleichmäßige Verteilung des Urangehalts, wodurch lokale Zufuhrquellen des Urans — allgemein betrachtet — ausscheiden.

3. Diese Annahme setzt jedoch voraus, daß

a) das Meerwasser in bestimmten Abschnitten der geologischen Vergangenheit durch Abtragung uranführender Gesteine mit Uran angereichert wurde,

b) der Uraninhalt des Meerwassers z. B. auf dem Wege über die Adsorption durch tonige und organische Substanzen in die sich bildenden Schichten bevorzugt überging.

Der Mechanismus dieser Vorgänge ist gegenwärtig noch unzulänglich erforscht (bekannt ist jedoch, daß z. B. große Mengen Karbonate diesen Vorgang erschweren bzw. völlig unterbrechen können).

Die diagenetischen Prozesse in ihrer Einwirkung auf das disperse Uran sind gleichfalls noch ungeklärt. Aus den Verhältnissen im Kupferschiefer könnte jedoch geschlußfolgert werden, daß eine gewisse Konzentration der primär dispers verteilten Uranmengen zu Nasturan möglich ist.

Über die bituminösen Alaunschiefer Schwedens — die als Prototyp dieser Lagerstätten betrachtet werden können — ist folgendes festzuhalten:

Es handelt sich um unterpaläozoische (Grenze Kambrium —Silur) in Zentralschweden verbreitete, als isolierte Fetzen auf archäischen Graniten und Granit-Gneisen liegende Gesteine.

Aus diesem Schiefer wurde früher bereits Radium gewonnen. Seit 1951 sollen diese Gesteine auch zur Urangewinnung dienen. Erhöhte Urangehalte wurden festgestellt:

a) im Kolm, einer stark aschereichen (20—30%) bogheadähnlichen Kohle mit etwa 60% C, 5% H, 4% O,

b) in einer weniger — als der Kolm — aschereichen (3,5—21%) Kohle, der sogen. „Steinkohle“,

c) im bituminösen Alaunschiefer.

Bemerkenswert ist, daß im Kolm außer Uran noch Ni, Zn, Cu, Mo und W festgestellt wurden.

Für eine Kolmlagerstätte in Westergotland wurden 400 t U_3O_8 für 1 km² berechnet. Für bituminöse Schiefer in Südschweden wurden U_3O_8-Gehalte von 0,15 bis 0,02% mitgeteilt, wobei für 1 km² Fläche im Durchschnitt mit 1800 t Inhalt gerechnet wird.

b) *Die Carnotit-Lagerstätten des Colorado-Plateaus (USA)*

Die uran-, radium- und vanadiumführenden Sandsteine des Colorado-Plateaus sind gegenwärtig die Hauptlieferanten einheimischer Uranerze in den USA. Das gelbe Mineral wurde in diesen Gesteinen bereits vor vielen Jahrzehnten beobachtet, 1898 jedoch erstmalig von dem französischen Chemiker Ch. POULOT untersucht, der es dann zu Ehren seines Landmannes CARNOT benannte.

Bis 1904 wurden hauptsächlich Erkundungsarbeiten durchgeführt. 1910 begann die eigentliche Förderung der Carnotiterze für Zwecke der Radiumgewinnung. Uran und Vanadium waren zunächst Nebenprodukte. 1927 kam die Förderung zum Erliegen, da Shinkolobwe billigere Erze liefern konnte. 1937 wurde die Förderung wieder aufgenommen, zunächst hauptsächlich auf Vanadium (abgebaut wurden Erze mit Durchschnittsgehalten von etwa 2% V_2O_5 und etwa 0,25% U_3O_8). Allein 1953 waren schon mehr als 600 Förderobjekte in Betrieb, wurden 1136893 Foot Bohrungen niedergebracht. Gegenwärtig ist die intensive geologische Erkundung wohl abgeschlossen und der Bezirk ein Objekt großzügiger bergmännischer Tätigkeit. Die Bedeutung der Lagerstätten — wirtschaftlich für die USA, wissenschaftlich für diesen Lagerstättentyp — läßt eine ausführlichere Beschreibung zu. Das Colorado-Plateau (Abb. 10 und 29) liegt im westlichen Teil der USA (in den Staaten Utah, Colorado, Arizona und New Mexico). Es besteht aus einem paläozoischen Untergrund, auf den diskordant das Mesozoikum auflagert (buntfarbene Sandsteine, Tonschiefer mit untergeordneten Konglomerat- und Kalksteinschichten der verschiedenartigsten Herkunft). Für einige Horizonte sind floristische Reste, nicht selten in Form versteinerter Baumstämme, in andern faunistische Funde (Knochen von Reptilien) charakteristisch. Diese Schichten sind nur wenig von tektonischen Prozessen berührt, nur selten leicht aufgewölbt. Das Colorado-Plateau ist durch seine zahlreichen linsenförmigen Kupferlagerstätten vom Typ des „red beds“ bekannt, die an Sandsteine und Tonschiefer des Perms und der Trias gebunden sind. In der oberen Trias liegt außerdem die bekannte Silberlagerstätte Silver Reef. Zu der Erzmineralisation dieser bunten Schichten gehören auch die Uran- und Vanadium-

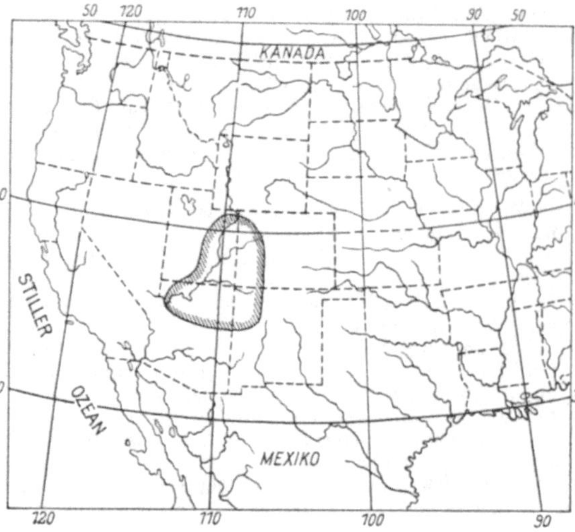

Abb. 29. Orientierungsskizze über die geographische Lage des Colorado-Plateaus. (Nach V. KELLY 1955)

Lagerstätten, welche im allgemeinen als Carnotitlagerstätten bezeichnet werden.

Primäre Uranminerale waren hier zunächst unbekannt. Erst in jüngster Zeit wurde Pechblende in einigen Horizonten festgestellt. Nach den Hauptmetallen unterscheidet man unter den Uranlagerstätten

Cu-U-Lagerstätten mit Pechblende, Cu-Sulfiden und Pyrit;
V-U-Lagerstätten mit Pechblende, Carnotit, Tujamunit, Coffinit und Pyrit.
Asphaltit-Lagerstätten mit Pechblende, Asphaltit und Pyrit,

obwohl zwischen den drei Typen Übergänge festgestellt werden konnten. Außer den angeführten Mineralen treten in allen Typen sekundäre Bildungen auf, zu denen auch Carnotit und Tujamunit gehören. Die Pechblende wird in recht festen Aggregaten (Härte 5) und massiven Varietäten bis zu wachsweichem Material angetroffen. Die weichere Pechblende enthält gewöhnlich weniger UO_2 und ist etwas oxydiert. Eine andere Modifikation der Pechblende ist die dunkle rußartige Uranschwärze. Pechblende und Coffinit werden als älteste Uranminerale der Lagerstätten betrachtet. Die paragenetischen Verhältnisse sind noch nicht völlig geklärt. Die Herkunft des Asphaltits, eines festen und splitterigen Materials, in dem Pechblende fein verteilt ist, ist ebenfalls noch unklar.

Pechblende ist nur in einer einzigen Lagerstätte des Plateaus das Haupturanmineral, in allen anderen überwiegen sekundäre Bildungen: bei Anwesenheit von Vanadium — Carnotit und Tujamunit, bei Anwesenheit von Kupfer — Torbernit und Sulfate des Urans. Die Uranvererzung wird zwar in Gesteinsschichten vom Perm bis zum Tertiär einschließlich angetroffen, bedeutend ist sie jedoch nur in einigen Horizonten, zu denen das Shinarump Konglomerat (Trias), die jurassischen Kalke Entrada und die Formation Morrisson gehören. In jüngster Zeit wurden Vererzungen auch in der Formation Chinle (Trias) angetroffen.

Produktiv sind hauptsächlich Sandsteine, die Uraneinsprenglinge enthalten oder in denen Pflanzenreste intensiv vererzt sind. (Es sind ganze vererzte Baumstämme gefunden worden.)

Die Erzkörper haben verschieden große Ausmaße (von einigen Metern bis zu mehreren Hundert im Querschnitt) und komplizierte Formen. Die Mächtigkeit schwankt sehr — von einigen Dezimetern bis zu sechs Meter.

Häufig sind die Erzkörper in der Richtung der Schichtung gestreckt, obwohl sie in Einzelheiten nicht den Schichten der Lager folgen. Eine eindeutige Beziehung der Vererzung zur Lagerung konnte noch nicht festgestellt werden: sie findet sich in flachen und in steil gefalteten Schichten wie auch in horizontal liegenden. Ebenso konnte keine Verbindung der Lagerstätten zu Verwerfungen festgestellt werden, die in Einzelfällen Verwerfungsbeträge von bis zu 30 m aufweisen. (Sie sind alle jünger als die Vererzung.) Obwohl im Bezirk Intrusive angetroffen werden, die auch die erzführenden Schichten durchbrechen, liegen doch die meisten Lagerstätten viele Kilometer von den meisten magmatischen Gesteinen entfernt.

Bei relativ großer Einheitlichkeit und Ähnlichkeit unterscheiden sich die Lagerstätten etwas in Hinblick darauf, in welchen stratigraphischen Horizonten sie liegen.

Mit dem *Shinarump-Konglomerat* (Abb. 30) sind Cu-U-Lagerstätten, Asphaltit-U-Lagerstätten und Carnotit-Lagerstätten verbunden. Das Konglomerat selbst kann aus

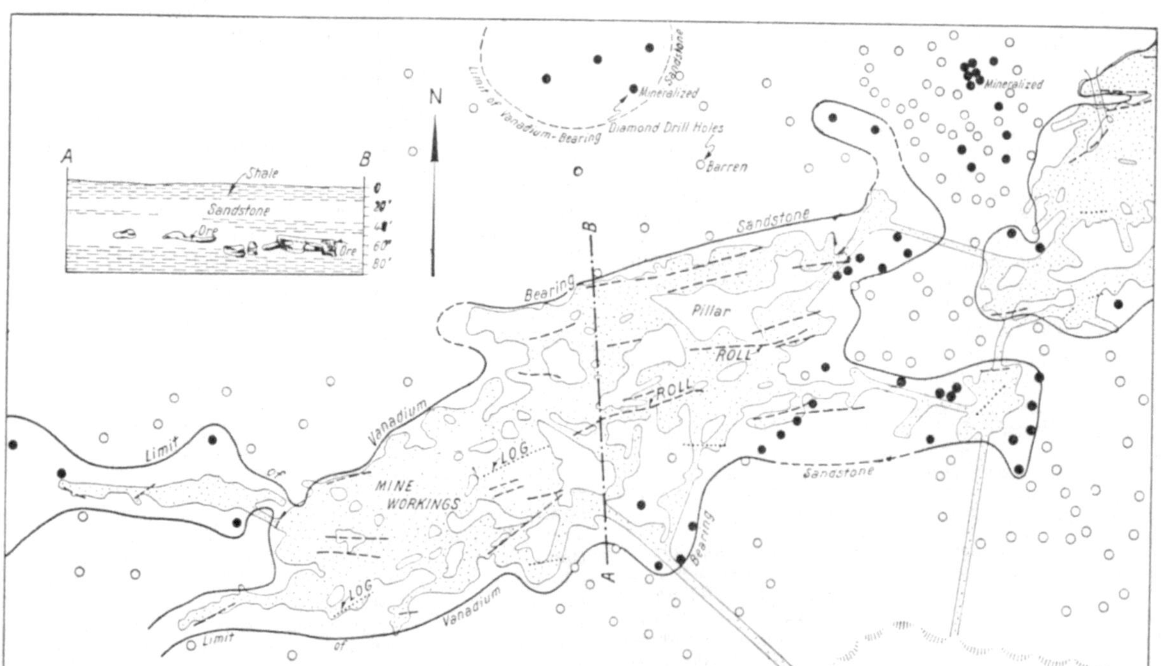

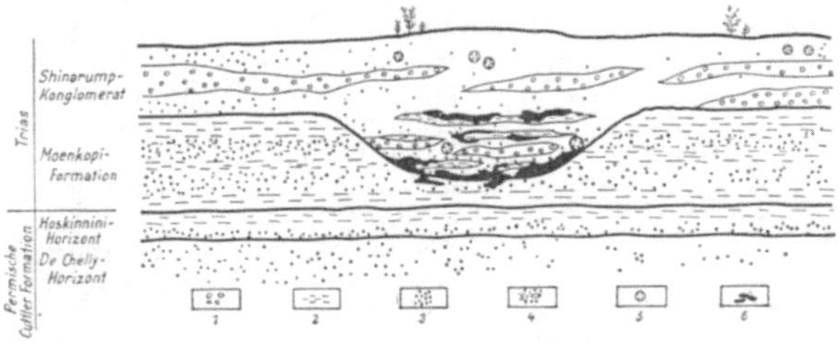

Abb. 31. Seigerriß durch eine Uranlagerstätte in Monument Valley District, Arizona. (Nach T. H. MITCHAM und C. G. EVENSEN 1955)

1 — Konglomerat; 2 — Tonstein; 3 — Sandstein; 4 — Sandstein, sehr feinkörnig; 5 — verkieseltes Holz; 6 — Vererzung

einem echten Konglomerat mit bis zu 7,5 cm großem Geröll in grob- und feinkörnigen Sandstein übergehen. Das Geröll besteht aus weißem Quarz, Rauchquarz sowie anderen kieseligen Bildungen, seltener aus Kalkstein, Tonschiefer und Sandstein. Fast immer werden verkieselte Holzreste gefunden.

Im Konglomerat ist in drei Zonen Vererzung angetroffen worden. Eine dieser Zonen hat ein Breite von 6,4 km und ist 64 km lang. Sie füllt faktisch einen tiefen Kanal mit NW-Richtung. Eine andere (Breite 8 km, Länge 48 km) hat NO-Richtung und stellt die Ausfüllung einer Gruppe flacherer Kanäle dar. Der dritten Erzzone wird eine Breite von 16—32 km zugeschrieben bei einer Länge von 160 km.

Die Mächtigkeit der vererzten Schichten erreicht in der Lagerstätte Temple Rock (Utah) 18 m. (In einen grobkörnigen Sand geht Asphaltit ein bzw. zementiert die Sandkörner.)

Im SO des Staates Utah wurde 1952 im gleichen Konglomerat eine Cu-U-Lagerstätte (Happy Jack) entdeckt. Die Mächtigkeit beträgt hier 0,6—3,6 m. Die Erzminerale Pyrit, Chalkopyrit und Bornit zementieren die Körner eines Sandsteins und verdrängen diese teilweise. Uranpechblende ist eng mit den Kupfersulfiden verbunden. In der Oxydationszone finden sich entsprechend Chalkosin, Malachit, Azurit und Torbernit. Anscheinend wird die Vererzung hier durch poröse, diagonal geschichtete und organisches Material enthaltende Gesteinsschichten kontrolliert.

Die eigentlichen Carnotit-Lagerstätten liegen in der *Formation Morrisson*, die im unteren Teil aus massiven Sandsteinen und Tonschiefer, im oberen aus Tonschiefer, nicht sehr mächtigen Sandsteinen und untergeordnet Kalksteinen besteht. Der beste Erzhorizont ist eine aushaltende Sandsteinschicht, die im Hangenden des unteren Schichtpakets der Formation liegt. Manchmal wird Carnotit auch in tiefer liegenden Schichten angetroffen (selten bauwürdig), in den Schichten des oberen Teiles der Formation fehlt Uran und Vanadium dagegen völlig. Der erzführende Sandstein ist in vielen Fällen diagonal geschichtet.

In dieser Formation haben die Erzkörper linsenartige, abgerundete Formen, sind nach oben etwas ausgebaucht. Bei einer Mächtigkeit von 2—3 m erreichen sie 100—200 m Breite und bis zu 900 m Länge (Abb. 31). Die Grenzen der Vererzung verlaufen meist nicht in Übereinstimmung mit der Schichtung, manchmal geht das Erz allmählich ins taube Gestein über.

Uran ist im Erzhorizont ungleichmäßiger als Vanadium verteilt. Primäres Uranmineral war anscheinend die bisher nur selten angetroffene Uranpechblende. Haupterzmineral ist jedoch der leuchtendgelbe Carnotit. Außerdem wurden beobachtet: Tujamunit, Zippeit, Chalkosin, Kupferkarbonate, Vanadium-Minerale u. a.

Im Jahre 1927 wurden Erze mit über 2% U_3O_8 gefördert (ärmere blieben stehen). Gegenwärtig sind folgende Gehalte der geförderten Erze bekannt: 1,5—2,0% V_2O_5 und 0,20 bis 0,40% U_3O_8.

Bei den bisher größten Erzkonzentrationen handelt es sich um vererzte Baumstämme. (Einer hatte 1,2 m Durchmesser und war 30 m lang.) In einem Falle lieferten zwei vererzte Baumstämme 105 t Erz mit 6,8 t Uran, 1,75 g Radium und 4,7 t Vanadium. In einem anderen Falle gaben zwei Baumstämme (24 und 9 m lang, 0,6 und 0,5 m dick) zusammen mit dem zwischen ihnen eingeschlossenen Sandstein 180 t Erz bei einem Durchschnittsgehalt von 5,65% U_3O_8 und 8% V_2O_5.

Die Baumstämme und ihre größeren Überreste (Abb. 32) haben für die Sucharbeiten auf den Lagerstätten eine gewisse Bedeutung, da ihre Lage ungefähr die Richtung angibt, in der neue Erzkörper mit größerer Aussicht erwartet werden können.

Ähnliche Verhältnisse sind auch in der *Chinle-Serie* u. a. angetroffen worden.

Die Genesis der Carnotit-Lagerstätten ist zur Zeit ein noch umstrittenes Problem. Einige Forscher sehen in ihnen nach wie vor hydrothermale Bildungen. Als Beweis führen sie Pechblendefunde und die Altersbestimmung der Pechblende an (60—80 Millionen Jahre für alle Formationen). Dieses einheitliche Alter wird mit dem laramischen Magmatismus in Verbindung gebracht.

Andere Forscher vertreten eine Entstehung durch Infiltration, wobei sie sich auf die Lagerstättenfunde an den Abbrüchen der Cañons und der verhältnismäßig großen Oberflächennähe der zuerst entdeckten Lagerstätten stützen.

Die Mehrheit der Geologen vertritt heute eine mit der Sedimentbildung syngenetische Vererzung.

Die Kupfer-, Silber-, Vanadium- und Uranvererzung in den bunten Sedimenten muß höchstwahrscheinlich als einheitliche genetische Gruppe betrachtet werden. DOMAREW spricht sich für eine Bildung in einem seichten, jedoch recht großen Becken aus, das wahrscheinlich von größeren Flüssen durchzogen wurde (Abb. 33). Er stützt sich dabei auf den lithologischen Bestand der Morrisson-Serie, den Schichtungstyp, die beobachteten Kanäle, die Ribblemarks u. a. Die Meinungen der amerikanischen Geologen sind noch geteilt. Einzelne vertreten die Vorstellung von einer „überschwemmten Talebene“ mit Seen und Flüssen, andere glauben mehr Beweise für Delta-Bildung zu besitzen.

Die Herkunft der Metalle ist noch unklar. Die Clark-Gehalte der abgetragenen Gesteine reichen vermutlich nicht aus. Manchen Geologen scheint selbst die Unterstellung abgetragener Uranlagerstätten nicht ausreichend (WATZNAUER 1957). Da klastisches Erzmaterial bisher nicht gefunden wurde, muß auf jeden Fall die Zufuhr in Form kolloidaler oder echter Lösungen angenommen werden. Vermutlich erfolgte die Ablagerung des Urans in einem reduzierenden Medium. Asphaltit konnte für die Asphaltit-U-Lagerstätten die gleiche Wirkung hervorrufen (Adsorbtion). Ebenso darf der Einfluß der Pflanzenreste und die Tätigkeit von Organismen nicht übersehen werden. Dabei ist die Beobachtung bemerkenswert, daß z. B. Baumstämme oft nur innerhalb des erzführenden Sandsteins vererzt sind. Jene Teile, welche aus diesem Sandstein herausragen, weisen auch kein Erz auf. Allerdings wurden auch gänzlich vererzte Baumstämme bei ähnlicher Einlagerung beobachtet. Ebenso sind nicht überall und immer alle Pflanzenreste vererzt.

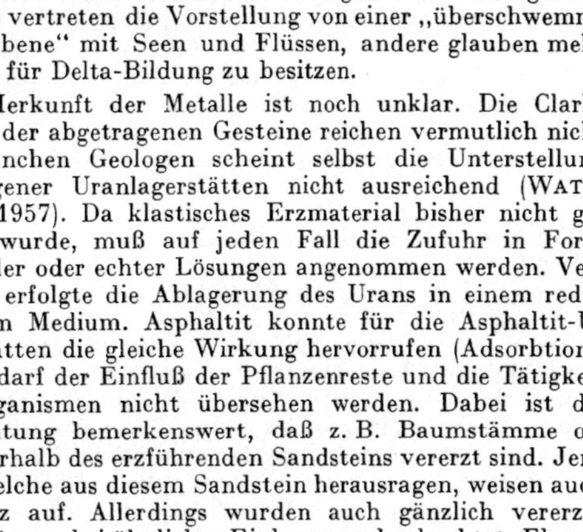

Abb. 32. Konzentration von Uranmineralen an einem fossilen Baumstamm, Bergwerk Delta, Utah. (Nach P. F. KERR 1955)

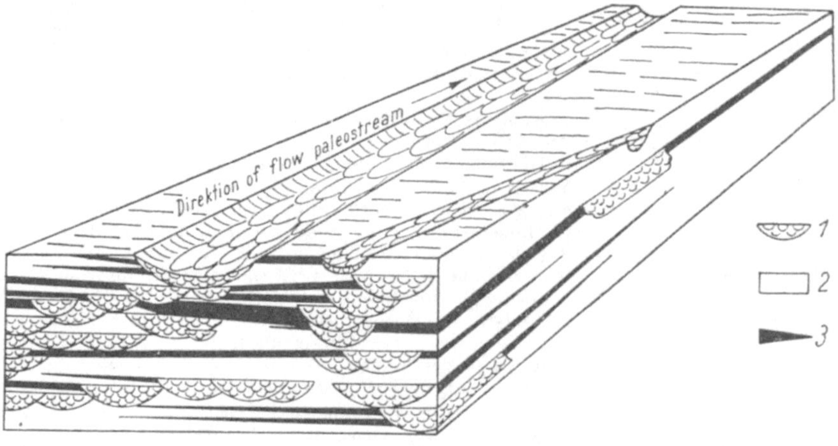

Abb. 33. Schematisches Blockdiagramm der typischen Sedimente im Norden der Lagerstätte Chuska (Arizona). (Nach J. D. LOWELL 1955)

1 – Sedimente in fossilen Flußbetten, deren Form wiedergebend; 2 – horizontal lagernde, schräggeschichtete Sedimente mit Ribblemarks; 3 – Schluff

Besonders häufig wird Erz in kohligem Material vermißt. Alle diese Tatsachen müssen vor einer Überschätzung der Rolle bewahren, welche die Pflanzenreste für die Vererzung gespielt haben. Auch experimentell wurde nachgewiesen, daß fauliges Holz und Kohle nicht zur Absetzung des Metalles führen. Anscheinend besteht der Einfluß der organischen Reste nur darin, daß sie auf das Medium in einer der Vererzung günstigen Richtung einwirkten.

c) *Uranführende Konglomerate des Witwatersrand (Südafrika)*

Witwatersrand ist der größte Goldproduzent der Welt. Im Laufe von 46 Jahren wurden etwa 750 Millionen Tonnen Erz verarbeitet. Die Jahresproduktion an Gold erreichte 435 Tonnen[12]).

Uran wurde erstmalig 1923 festgestellt, seit 1951 wird es in zunehmendem Maße industriell gewonnen.

Ausreichende geologische Daten über diese Lagerstätten wurden von REH (1956 und 1957) in dieser Zeitschrift veröffentlicht. Wir können uns daher auf kurze ergänzende Bemerkungen beschränken. Das Konglomerat besteht aus Quarz-, Quarzit- und kieseligen Schiefergeröllen, sandigem Zement, der durch Kieselsäure gebunden ist. Im Zement wird zuweilen Pyrit in größeren Mengen angetroffen. Die Gerölle erreichen selten 10 cm im Durchmesser, sind meist eigroß. Die petrographischen Eigenschaften des Konglomerates wechseln in Einzelheiten für die verschiedenen Schichten. Neben Pyrit wird häufig Pyrotin, Chalkopyrit, Sphalerit, Galenit, Zirkon, Chromit und Ilmenit beobachtet, selten sind dagegen Co-Arsenide. Die Uranvererzung ist durch Thucholit und Pechblende gegeben. Die Uranminerale sind ebenso wie Gold an bestimmte Horizonte gebunden. Außerhalb dieser Schichten ist Uran selten.

In den Schichten selbst wurden durch radiometrische Messungen charakteristische Zyklen der Uranvererzung festgestellt. Diese Zyklen sind so beständig, daß mit ihrer Hilfe stratigraphische Risse korreliert werden können.

Die Verbindung zwischen Gold- und Uranführung ermöglicht es, auf diese Weise gewünschte Goldhorizonte auszuscheiden. Obwohl Uran in allen Goldschichten anwesend ist, ist sein Gehalt dem des Goldes keineswegs proportional.

DAVIDSON (1953) scheidet zwei Generationen der Pechblende aus, deren letzte jünger als der Thucholit ist, deren erste jedoch von Thucholit verdrängt wird. Der Urangehalt ist in Einzelheiten nicht bekannt, soll jedoch 5–50mal so groß wie der Goldgehalt sein und im unsortierten Erz 0,005 bis 0,05% ausmachen. Wenn die Proben organisches Material enthielten, stieg er sogar bis auf 1% an. Trotz dieser niedrigen Gehalte werden die Goldkonglomerate des Witwatersrands bald einer der Hauptlieferanten für Uran sein, da kolossale Mengen Erz verarbeitet werden.

Die Genesis der Lagerstätte ist noch immer umstritten. Nachdem hydrothermale Vorstellungen nur noch von einzelnen Geologen vertreten werden, wird gegenwärtig der Streit vor allem darüber geführt, ob es sich um eine primäre Seife handelt oder ob die Metalle – und auch Uran – nachträglich durch Lösungen vadoser u. ä. Art in das bereits vorhandene Geröll hineingetragen und dort abgesetzt wurden.

MACGREGOR (1953) nimmt an, daß das Sedimentationsbecken des Konglomerats von torfigen Sümpfen umgeben war. Das Torf sorbierte das Uran aus vadosen Wässern, aus dem es später bei größerer Wasserzufuhr zusammen mit organischem Material ins Konglomerat überführt und dort abgesetzt wurde. MIHOLIĆ (1954) verbindet die Uranvererzung des Konglomerates mit der Tätigkeit von Organismen. Das Schema MACGREGORs oder ein diesem ähnliches würde zugleich das reduzierende Medium, organische Reste, die Anwesenheit von Thucholit und Pyrit u. a. erklären.

Über die Konglomerate des Witwatersrands hat RAMDOHR (1955) eine ausführliche Studie veröffentlicht. Er kommt dort zu folgenden Schlußfolgerungen:

„*Uranpecherz* ist tatsächlich in kleinen Geröllen in die Konglomerate gekommen und gemäß seiner Schwere am Liegenden angereichert. Zum Teil zeigte es im Augenblick der Sedimentation noch oktaedrisch Spaltbarkeit, war also vermutlich geologisch noch recht jung. Seine Gerölle sind später oft weitgehend (oder ganz) zerstört, ihre Lage und Form ist aber an Reliktstrukturen („Geistern") noch gut erkennbar. – Der Hauptanteil des Urans steckt *jetzt* in „kohliger Substanz", polymerisierten Kohlenwasserstoffen, und zwar zum Teil als metallorganische Verbindung, zum Teil aber als eigentümlich dispergiertes Uranpecherz in eckigen Körnern."

d) *Die Konglomerate von Blind River, Ontario (Kanada)*

Nördlich des Huronsees und nördlich der Gegend Blind River sind seit langem pyritisierte Konglomerate bekannt (Abb. 34 u. 35), die zunächst auf Gold, seit 1950 jedoch auch auf Uran untersucht wurden. Sie ergaben Gehalte von 0,05–0,09, selten 0,18 oder 0,22% U_3O_8. Von den amerikanischen Geologen (KERR u. a.) wird die große Ähnlichkeit des Konglomerates mit dem südafrikanischen hervorgehoben. Viele von ihnen vertreten auch für Blind River eine mit der Konglomeratbildung syngenetische Vererzung. Gegen einen solchen Standpunkt ist folgendes einzuwenden:

1. Die radioaktiven Minerale sind im – hauptsächlich – pyritischen Zement des fest verkitteten Konglomerates enthalten. Es handelt sich bei den Uranmineralen vor allem um Brannerit, Monazit und relativ viel Thorium enthaltendes Uraninit. (KERR nennt außerdem noch Thucholit.) Brannerit ist Träger des Hauptanteils der Uranvererzung.
2. Brannerit ist häufig bedeutend verändert, was es neben Monazit – nach DOMAREW – zu einem Seifenmineral macht.
3. Die Anwesenheit von Uraninit – für eine echte Seife tatsächlich ein außergewöhnliches Mineral – wird von DOMAREW damit erklärt, daß es sich infolge hohen Thoriumgehaltes und Gehalten an Seltenen Erden der Verwitterung besser entziehen konnte.
4. Pyrit, in geringeren Mengen auch andere Sulfide, ebenso wie Thucholit können sich nach Ablagerung des Konglomerates sekundär gebildet haben.

Offensichtlich reichen die vorliegenden Unterlagen nicht für eine eindeutige Entscheidung aus. Bemerkenswert ist, daß auch BATEMAN (1955) im Gegensatz zu seinen Kollegen eine epigenetische Entstehung (statt der von diesen vertretenen hydrothermalen) der Uranvererzung vertritt.

Zu beachten ist auf jeden Fall die vorwiegende Anwesenheit von Brannerit und Monazit, welche zweifellos die Möglichkeit einer echten mechanischen Zufuhr zunächst noch zuläßt.

Die wirtschaftliche Bedeutung dieser Lagerstätte ist trotz der sehr geringen Goldgehalte des Konglomerates anscheinend

[12]) Nach RAMDOHR (1955) wurden in etwa 60 Jahren ungefähr 17000 t Gold gewonnen.

recht groß. WATZNAUER (1957) berichtet, daß vier Aufbereitungsanlagen mit einem Gesamtdurchsatz von 12500 tato zum Teil bereits in Betrieb sind. Die Vorräte gibt WATZNAUER mit 200 Mill. t an, DOMAREW nennt dagegen 2030 Mill. t nach einer anderen Quelle, und 1,9 bis 1,8 Mill. t allein für einen einzigen Betrieb.

WATZNAUER (1957) rechnet zum gleichen Typ — genetisch „durch Infiltration vadoser uranhaltiger Wässer gekennzeichnet“ —, auch die Uranvorkommen Thüringens am Südrande des Zechsteinmeeres. Über diese Lagerstätte sind vorläufig noch zu wenig Untersuchungsergebnisse bekannt, um etwas Abschließendes sagen zu können. Die aufgezeigten Unklarheiten sowohl am Witwatersrand wie bei Blind River — Lagerstätten, die seit vielen Jahren geologisch untersucht werden (im Gegensatz zu den thüringischen Lagerstätten) — lassen jedoch erwarten, daß auch über diese deutsche Lagerstätte unter den Geologen ernsthafte Meinungsverschiedenheiten auftauchen können.

XI. Kurze geologische Zusammenfassung

a) Uranprovinzen

In der Verteilung der Uranlagerstätten auf der Erdoberfläche lassen sich verschiedene Gesetzmäßigkeiten erkennen. Als *Uranprovinzen* werden „große Flächen der Erde“ bezeichnet, „meist mit recht verschwommenen Grenzen, in denen Uranlagerstätten und mit Uran angereicherte Gesteine breit vertreten sind“ (KLEPPER und WYANT 1955). Daneben sind auf der Erde Flächen vorhanden, auf denen Uran — von unbedeutenden syngenetischen Konzentrationen abgesehen — nicht vorkommt.

Dieser Gedanke wird recht anschaulich durch eine von KERR (1955) veröffentlichte bildliche Darstellung illustriert, in der er ihm bekannt gewordene Daten verarbeitete (s. Abb. 36). Er bemerkt dazu durchaus zutreffend, daß die Vorstellung über metallogenetische Provinzen jene regionalen Besonderheiten feststellen hilft, welche auf die Verteilung der Lagerstätten der einzelnen Metalle Einfluß ausüben. Mit ihrer Hilfe werden ferner für jene Flächen Grenzen bestimmt, innerhalb deren die Auffindung neuer Lagerstätten besonders wahrscheinlich ist.

Die Uranprovinzen nehmen in der Regel außerordentlich große Flächen ein, sind oft tausende Kilometer lang und hunderte Kilometer breit. JANISCHEWSKIJ (1957) unterscheidet hier:

a) Uranerzgürtel an den Rändern der präkambrischen Schilde,
b) Uranerzgürtel in Faltungsgebieten.

Im ersten Falle wird die Vererzung wesentlich durch tiefreichende Bruchzonen, mächtige regionale Verwerfungen, Störungszonen usw. kontrolliert.

Beim zweiten Typ konzentriert sich die Mehrheit der Lagerstätten dort, wo der äußerste Rand der Plattform tektonisch gestört und die jungen Faltenstrukturen Teile der Plattform erfassen und auf diese geschoben werden. Gleichfalls höffig ist die Peripherie von der Plattform isolierter Blöcke, wenn diese von den Faltungsgebieten erfaßt werden.

Wenn beim ersten Typ die Uranlagerstätten meist weit von Intrusiven liegen, mit denen sie genetisch verbunden werden könnten, oder diese überhaupt fehlen, ist beim zweiten Typ eine relativ enge Bindung zu jungen Intrusionen festzustellen, in deren Endo- oder Exokontaktzonen sie häufig liegen.

In Uranprovinzen können Lagerstätten eines oder mehrerer genetischer Typen liegen, können sich auf dem Hintergrund vieler kleiner Uranlagerstätten und

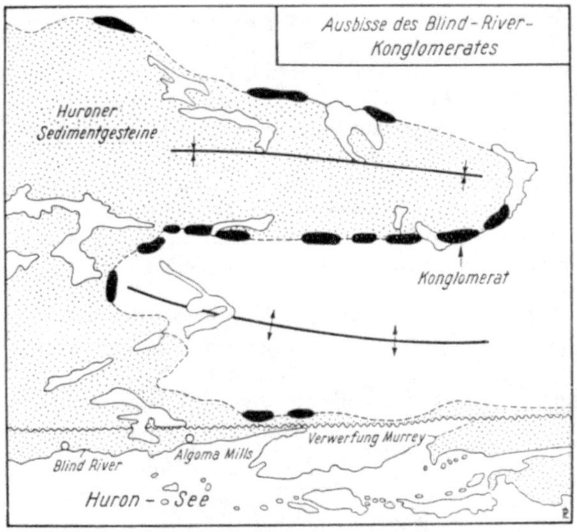

Abb. 34. (Nach F. JOUBIN 1954)

erhöhter Urangehalte der Gesteine im regionalen Maßstab große Lagerstätten vorfinden. Eine der sowjetischen Erkundungsregeln lautet daher: „Suche dort eine große Lagerstätte, wo sich auf großem Gebiet viele kleine Lagerstätten vorfinden.“ Aus dem Schema des geochemischen Kreislaufes des Urans folgt eine weitere Erkundungsregel: „Wenn auf einem sehr großen Gebiet viele hydrothermale Uranvererzungen festgestellt wurden, sind auf ihm Lagerstätten des sedimentären Typs sehr wahrscheinlich.“

Im Zusammenhang mit diesen Vorstellungen wurde die Aufmerksamkeit der Geologen von jener Tatsache festgehalten, daß sich geologische Bezirke mit großer Ähnlichkeit in den geologischen Grundzügen hinsichtlich der Uranführung diametral entgegengesetzt verhalten können (so z. B. das Erzgebirge und die Appalachen). Amerikanische Geologen haben z. B. hervorgehoben, daß der kanadische, südafrikanische und australische Schild sehr große Uranlagerstätten enthalten, während der fenno-skandinavische und brasilianische Schild bisher „uranfrei“ sind. KLEPPER und WYANT ziehen die einzig mögliche Schlußfolgerung: bei beiden muß mit der Auffindung vorläufig noch unbekannter Lagerstätten gerechnet werden.

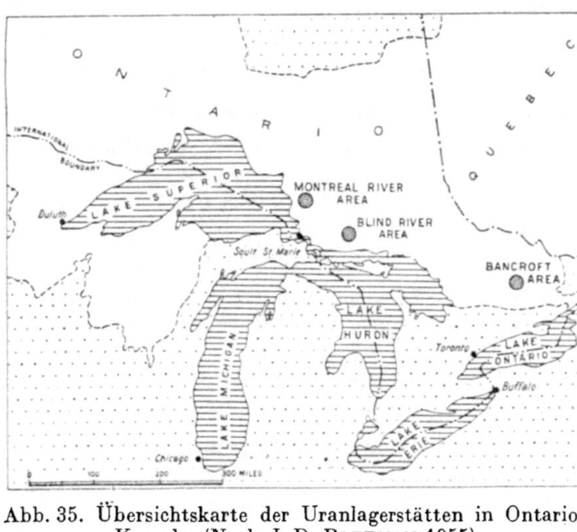

Abb. 35. Übersichtskarte der Uranlagerstätten in Ontario, Kanada. (Nach J. D. BATEMAN 1955)

Neben solchen allgemeinen theoretischen Überlegungen muß der Erkundungsgeologe von jenen Prozessen ausgehen, welche zur Konzentration von Uran führen. In dieser Hinsicht reicht heute bereits eine einzige epigenetische Lagerstätte aus, um eine Uranprovinz zu vermuten. Welche Gebiete sind dann besonders höffig? Die amerikanischen Geologen antworten darauf:

1. Alle Gebiete mit sauren oder alkalischen Intrusiven und die mineralisierten Strukturen in deren Nähe, ferner Seifen und die Stellen, wo Seifen angetroffen werden können.

2. Flächen, auf denen kontinentale Sandsteine und Tonschiefer entwickelt sind, vor allem jene, welche eine bedeutende Menge Kohlenstoff nebst Beimengungen tuffogenen Materials enthalten, oder Gesteine, die von kleinen sauren und alkalischen Intrusionen durchbrochen werden.

3. Lignit- und Kohlenfelder, besonders wenn sie von sauren vulkanischen Gesteinen überdeckt werden oder in einem Becken lagern, durch das die Grundwässer aus Graniten, Arkosen und sauren vulkanischen Gesteinen flossen.

4. Flächen, auf denen metamorphisierte schwarze Schiefer und Serien entwickelt sind, die Konglomerat enthalten und auf dem kristallinen Fundament lagern.

b) Leitmerkmale für die Suche nach Uranlagerstätten

KLEPPER und WYANT empfehlen, wenn keinerlei Hinweise auf Uranminerale oder radioaktive Anomalien vorliegen, für die Suche von Uranlagerstätten Flächen auszuwählen, die

1. einen komplizierten geologischen Bau haben;
2. saure und alkalische Eruptivgesteine aufweisen, welche kleinere Körper weit fortgeschrittener Differentiation enthalten;
3. reich mineralisierte komplizierte Erzgänge enthalten.

Dieser Ratschlag kann durch einige Schlußfolgerungen ergänzt werden, die sich aus den (oben z. T. mitgeteilten) geologischen Verhältnissen der bekannten Uranlagerstätten ergeben.

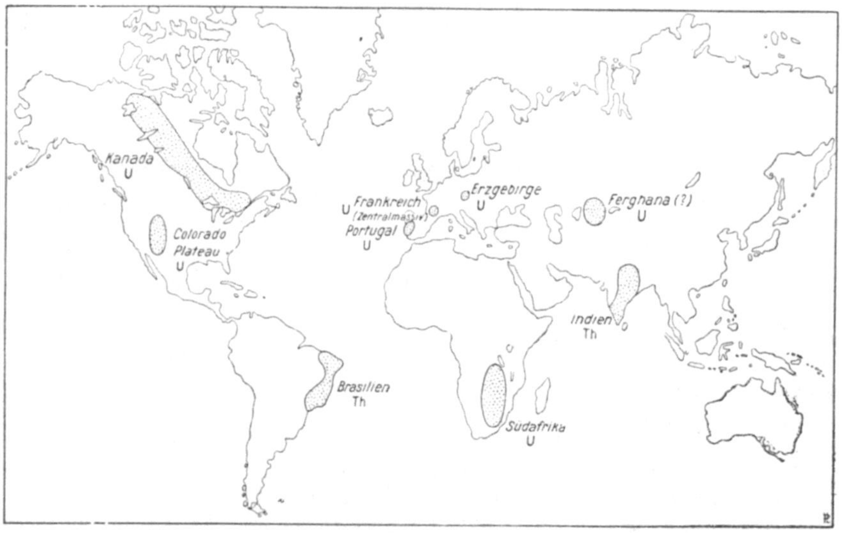

Abb. 36. Die wichtigsten Uran- und Thoriumprovinzen (Zusammengestellt nach veröffentlichten Daten von P. F. KERR 1955). Die wichtige australische Uranprovinz fehlt in der Darstellung des amerikanischen Geologen

1. Günstige magmatische Gesteinskomplexe

Die Verbindung der Uranlagerstätten mit intrusiven Massiven ist noch keineswegs völlig geklärt, obwohl sie in Einzelfällen recht eindeutig ist. Vorläufig kann nur festgestellt werden, daß bei der Mehrheit der Lagerstätten genetische Beziehungen zu den Graniten und Granitoiden wahrscheinlich oder sogar nachgewiesen sind. Die Verbindung zu basischen Gesteinen (Gabbro, Norit, Diabas) ist nur in Einzelfällen beobachtet worden.

2. Günstige Nebengesteine für eine Uranmineralisation

Uranminerale können in fast allen Gesteinen angetroffen werden. Eine Reihe von Beobachtungen deuten darauf hin, daß Amphibolite, Gabbro, Diabase, Basalte als Nebengestein hydrothermaler Gänge sich günstig auf die Ausfällung der Uranminerale auswirken. Bituminöse Schiefer, Phosphorite, buntgefärbte Sandstein-Schiefer-Karbonat-Schichten sollten als mögliche sedimentäre Uranträger einer sorgfältigen Untersuchung unterworfen werden.

3. Veränderungen des Nebengesteins als mögliche Indikatoren auf Uran

In hydrothermalen Lagerstätten kann die intensive Hämatitisierung des Nebengesteins als Leitmerkmal der Uranmineralisierung genannt werden, obwohl auch Ausnahmen von dieser Regel bekannt sind. Ebenso wurden in der Nähe von Urangängen beobachtet: Bleichung (Kaolinisierung), Vertalkung, Chloritisierung und zuweilen Serizitisierung des Nebengesteins.

4. Kontrolle der Vererzung durch Strukturen

Für die hydrothermalen Uranlagerstätten ist die strukturelle Kontrolle recht einwandfrei nachgewiesen worden. Die kanadischen Geologen haben auch darauf verwiesen, daß Großstrukturen (Rand der präkambrischen Schilde) ebenfalls gute Leitmerkmale sind. Bei den sedimentären Lagerstätten wird auf ihre Verbindung zu bestimmten Elementen der Paläolandschaft hingewiesen (Flußbett, Delta, Estuarien usw.)

5. Günstige paragenetische Assoziationen

Die bekannte Bi-Co-Ni-Formation kann auf Grund neuerer Erkenntnisse nicht als unbedingtes Leitmerkmal genannt werden. „Die Meinung, daß in industriellen hydrothermalen Uranlagerstätten unbedingt die Ni-Co-Arsenide angetroffen werden müssen, ist unrichtig." (JANISCHEWSKIJ 1957). Innerhalb von Bezirken mit guter Entwicklung der Bi-Co-Ni-Formation wurden auch Uranlagerstätten ohne Diarsenide des Ni und Co entdeckt.

Karbonatgänge sollten stets auf Uran untersucht werden, auch Flußspatgänge verdienen eine Überprüfung, desgleichen sedimentäre Kupferlagerstätten.

6. Mineralveränderungen als Indikatoren auf Uran

Sehr bemerkenswert ist die Veränderung einiger Minerale, welche in Assoziation mit Uranmineralen auftreten: Karbonate und Feldspate erhalten meist eine rot-braune Färbung. Quarz wird zu Rauchquarz oder Amethyst. Fluorit wird dunkelviolett bis dunkel (Stinkspat) gefärbt. Es wurde wiederholt darauf hingewiesen, daß diese Leitmerkmale nicht als Absolutum zu betrachten sind. Derartige Veränderungen sind möglich auch bei Abwesenheit von Uran und, umgekehrt, Uran kann neben unveränderten Mineralen liegen.

7. Sekundäre Uranminerale

Die sekundären Uranminerale mit ihren leuchtenden gelben und orangen, seltener grünen (Torbernit) Farben sind beim Aufsuchen von primären Uranlagerstätten eine große Hilfe. Sie künden in der Regel an der Erdoberfläche die Verwitterung einer Uranlagerstätte in der Tiefe an. JANISCHEWSKIJ hat auf die Bedeutung einer richtigen geologischen Einschätzung solcher Oxydationszonen hingewiesen, bei denen nicht nur Anreicherungen der sekundären Minerale erfolgen können, sondern auch das Uran völlig von Lösungen fortgeführt werden kann (so daß die eigentliche Lagerstätte nicht einmal radiometrisch fixiert werden kann), mit der möglichen Bildung einer vorgetäuschten Oxydationszone an anderer Stelle, einem „Hut ohne Kopf" nach der treffenden Bezeichnung S. S. SMIRNOWs.

XII. Zur Methodik der Sucharbeiten auf Uran

Die geologische Erkundung kennt eine Reihe bewährter Suchmethoden auf Lagerstätten der verschiedensten mineralischen Rohstoffe. Ihre Darlegung liegt außerhalb des Planes dieser Übersicht. Sie können außerdem in ihren Grundzügen als bekannt vorausgesetzt werden. Referent beschränkt sich hier lediglich auf einige ergänzende Bemerkungen über die besonderen Suchmethoden auf Uranlagerstätten.

Da bei den üblichen Verfahren Uranvererzungen leicht übersehen werden können, besitzen die radiometrischen Verfahren für das Aufsuchen von Uranlagerstätten besondere Bedeutung.

Diese Verfahren wurden effektiv und in der Praxis mit Erfolg anwendbar, erst nachdem die entsprechenden Geräte und eine spezifische Methodik ausgearbeitet worden waren.

Dank der verschiedenen physikalischen Effekte, welche bei der radioaktiven Ausstrahlung hervorgerufen werden, ist es heute möglich, selbst geringfügige Vererzungen schnell festzustellen und eine Einschätzung ihrer Mengen zu geben. Die radiometrischen Verfahren werden deshalb nicht nur für das Aufsuchen sondern auch bei der Erkundung und dem Abbau festgestellter Lagerstätten verwendet.

In der Sowjetunion unterscheidet man:

1. Fußgängermarschrouten
2. Radiometrische Sucharbeiten mit dem Automobil
3. Radiometrische Sucharbeiten mit dem Flugzeug
4. Sogenannte radiometrische Überprüfungen gewöhnlicher Lagerstätten.

Eine eingehende Beschreibung dieser Verfahren ist hier nicht angebracht, da sie mit Hilfe bestimmter Apparaturen durchgeführt werden, über welche die deutschen Geologen bei den nicht spezialisierten Arbeiten nur z. T. verfügen. Hier seien nur einige Angaben über die Fußgängermarschrouten und die radiometrische Überprüfung von Lagerstätten nicht radioaktiver mineralischer Rohstoffe gemacht.

Bei den Angaben des Radiometers (Geigerzähler oder Szintillometer) muß unterschieden werden zwischen dem Anteil a, der im Gerät durch kosmische Einflüsse und dem radioaktiven „Hintergrund" des betreffenden Gebirges hervorgerufen wird, und jenem Anteil b, der darüber liegt.

Eine radioaktive Anomalie liegt nur vor, wenn der Anteil b registriert wird. Eine der ersten Aufgaben besteht deshalb darin, zunächst an Ort und Stelle den Anteil a, d. h. den „natürlichen Hintergrund", welcher mehr oder weniger konstant bleibt, zu bestimmen. Anomalien können außerdem nur von bestimmten Grenzen ab festgestellt werden, da der Anteil a von dem gemessenen Betrag abgezogen werden muß. Einunddasselbe

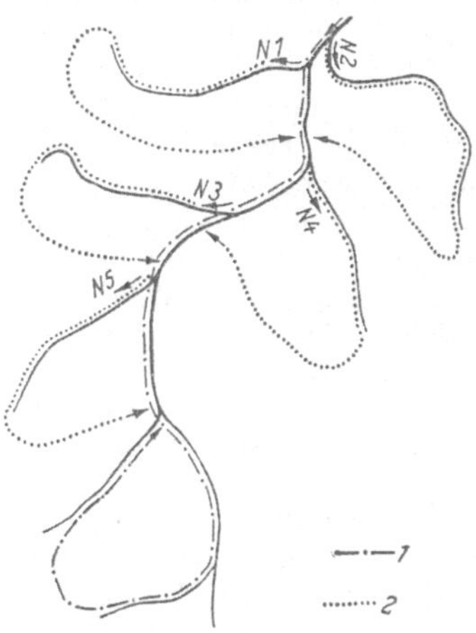

Abb. 37. Schema der Marschrouten bei Sucharbeiten im Maßstab 1:25000. (Nach A. T. PUCHALSKIJ 1957.)
1 – die geologische Marschroute; 2 – Gamma-Marschroute

Gerät kann deshalb im Gabbro oder in Kalken mit einem niedrigen Uran-Clark noch Anomalien feststellen, welche im Granit mit entsprechend höherem Uran-Clark schon nicht mehr erkannt werden. Normalerweise kann in Sedimentgesteinen noch ein Urangehalt von 0,001% mit dem Radiometer festgestellt werden.

Da u. U. schon ein halber Meter Schuttbedeckung eine Gammaausstrahlung abschirmen kann, werden die Möglichkeiten des radiometrischen Verfahrens oft sehr pessimistisch eingeschätzt. Dafür liegt jedoch kein Anlaß vor. Um das Ausgehende einer uranführenden Schicht bilden sich verschiedene Aureolen, Schleifen usw. Wenn diese mechanischer Art ist, primäre und sekundäre Uranminerale enthält, so wird diese Aureole vom Radiometer erfaßt. Handelt es sich um eine Radon-Gasaureole, so wird sie in den meisten Fällen vom Gerät nicht registriert. Eine Aureole aus Uransalzen, die gewöhnlich Radium enthalten, wird vom Gammazähler angezeigt. Fehlt Radium, dann verfügen die Salze nur über Alpha-Beta-Aktivität, werden vom Gammazähler infolgedessen nicht angezeigt.

Diese Aureolen nehmen gewöhnlich eine bedeutend größere Fläche ein als das Ausgehende des Erzkörpers selbst. Außerdem haben sie nicht nur eine flächenhafte Ausdehnung sondern innerhalb einiger Meter auch eine vertikale. Aus diesen Gründen ist das Aufsuchen solcher Aureolen – vor allem beim hydrothermalen Lagerstättentyp – gewöhnlich das nächste Ziel des Geologen.

Bei sedimentären Lagerstätten werden umgekehrt bevorzugt die Ausbisse untersucht.

Über das Beobachtungsnetz in solchen Fällen ist zu sagen, daß es relativ eng und möglichst gleichmäßig anzulegen ist (s. unten).

1. Zur Methodik der Fußgängermarschroutenaufnahmen

Bei Gammasucharbeiten wird mit Hilfe eines radiometrischen Feldgerätes das Gestein während bestimmter Marschrouten — die meist zwischen die selteneren geologischen Marschrouten gelegt werden — ununterbrochen untersucht (Abb. 37).

Der Maßstab solcher Arbeiten hängt von den Abständen der Marschrouten oder begangenen Profile ab. Wenn solche Arbeiten im Maßstab 1:200000 durchgeführt werden, wird gewöhnlich nur ein guter Überblick über die normale Radioaktivität der Schichten im Bezirk erhalten, selten Uranlagerstätten entdeckt. Bei solchem Maßstab können bedeutende Anomalien mit relativ großen Ausmaßen einfach „ausgelassen" werden. Üblicher ist daher der Maßstab 1:25000. Ist eine Lagerstätte oder Anomalie festgestellt, wird die ganze höffige Fläche mit einem Netz von Gammaaufnahmen bedeckt. Als Maßstab dient dann gewöhnlich 1:100 bis 1:500 mit Meßabständen von 1 × 1 m. Bei einem Maßstab von 1:5000 liegen die Meßprofile gewöhnlich 50 m voneinander entfernt, die Meßpunkte auf den Profilen — 2—3 m. Die Ergebnisse der Messungen werden auf Karten eingetragen und abschließend vom Geologen auf seine geologische Karte übernommen.

2. Radiometrische Überprüfungen

Die Überprüfung stillgelegter und in Förderung stehender Gruben der verschiedensten nichtradioaktiven Rohstoffe, ebenso wie die radiometrische Überprüfung aller zu Erkundungszwecken angelegten Schürfe, Gräben, Bohrungen usw., ist nicht nur ökonomisch. sondern auch sehr effektiv. Sie wird in allen Ländern angewandt und hat z. B in den USA in einzelnen seit Jahrzehnten in Abbau stehenden Gruben zur Entdeckung wirtschaftlich nutzbarer Beimengungen von Uran geführt.

In diesem Zusammenhang sei darauf hingewiesen, daß selbst die radiometrische Überprüfung vorhandener Gesteinssammlungen in einzelnen Fällen den entscheidenden Anstoß zur Entdeckung wirtschaftlich nutzbarer radioaktiver Nebenkomponenten in den Gruben des Bezirkes gegeben hat.

Der radiometrischen Überprüfung eines — stillgelegten oder fördernden — bergmännischen Betriebes geht in der Regel das sorgfältige Studium der geologischen Unterlagen voraus. Vom Ergebnis dieses Studiums hängt die Entscheidung über die Durchführung der Überprüfung selbst ab wie auch die Wahl des Arbeitsschemas.

a) Radiometrische Überprüfung von Halden

Zunächst werden gewöhnlich die Halden der Betriebe überprüft. Bei festgestellter Radioaktivität ist dabei das Ziel

1. möglichst das nähere Grubenrevier zu erkennen,
2. an Hand von radioaktiven Gesteinsstufen die höffigen Schichten schnell zu bestimmen.

Die Methodik der Überprüfung der Halden ist mit der üblichen radiometrischen Untersuchung identisch. Bei kleinen Halden bzw. sehr höffigen Gruben wird die ganze Halde abgesucht. Bei großen Halden wird wie üblich im Netz 1 × 5 m die Überprüfung vorgenommen.

b) Radiometrische Überprüfung von bergmännischen Bauen

Bei der Überprüfung horizontaler bergmännischer Baue wird entweder die Achse der Strecke usw. als Untersuchungsprofil genommen und systematisch abgehört (meist dann, wenn die Baue keine sehr großen Querschnitte haben — bis zu 12 m²). Der Abstand der Beobachtungspunkte längs der Profillinie ergibt sich aus

$$l = \frac{S}{4}$$

wo l — der gesuchte Abstand
S — der Querschnitt des Baus in m² ist. (Nach PUCHALSKIJ 1957.)

Dieses Verfahren ist in sedimentären, geologisch relativ einfachen Lagerstätten zu empfehlen.

Bei komplizierteren Verhältnissen, insbesondere Ganglagerstätten und sehr kleinen Querschnitten der bergmännischen Baue, wird der Zähler bei der Vorwärtsbewegung ununterbrochen im Kreis längs der Stöße, Firste usw. geführt (Spiralprofil), da sonst lokale Anomalien im Stoß oder der Firste übersehen werden könnten.

Wird auf eine dieser Weisen eine Anomalie festgestellt, unterliegt sie anschließend einer genauen Untersuchung. Die ganze Fläche wird sorgfältig abgehört, die Werte werden dokumentiert („radiometrische Bemusterung"). Der Zähler wird vom Einfluß möglicher, von anderen Flächen des Baues ausgehenden Strahlungen abgeschirmt. Wird z. B. ein geringmächtiger radioaktiver Gang im Stoß registriert, so werden in Abständen von 10—20 cm Messungen auf seiner ganzen anstehenden Länge vorgenommen. Ist ein solcher Gang sehr mächtig, wird er radiometrisch „geschlitzt", d. h. längs der in regelmäßigen Abständen (1—3 m) gelegenen „Schlitze" wiederum in Abständen von 10—20 cm gemessen.

Liegt der Bau in der Oxydationszone, kann die Beleuchtung der Stöße mit der Quarz-Quecksilber-Lampe Lumineszenzerscheinungen der Uranminerale hervorrufen und das Aufsuchen erleichtern. Alle Untersuchungsergebnisse werden in markscheiderische Risse und Pläne eingetragen und später bearbeitet.

c) Radiometrische Überprüfung der Erkundungsbaue

Bergmännische Untersuchungsbaue (Schürfe, Gräben usw.) werden in der gleichen Weise untersucht. In Gräben — beide Stöße und der Boden. In Schürfen wird längs eines Stoßes ein Profil abgehört, außerdem zur Erfassung aller Stöße gewöhnlich noch zusätzlich ein Spiralprofil.

Kern aus Bohrungen wird in den Kernkisten ohne Auslassungen abgehört. Ablesungen werden in Abständen von einem Meter vorgenommen (bei gleichbleibender Gesteinsart), außerdem bei Wechsel der Gesteine zu beiden Seiten des Kontakts.

Bei festgestellter Radioaktivität werden in den betreffenden Abschnitten Ablesungen in Abständen von 10 cm vorgenommen. Dieser Teil des Kernes wird anschließend im Labor eingehend mineralogisch und nochmals radiometrisch mit hoch empfindlichen Geräten untersucht.

XIII. Abschließende Bemerkung

Bei der Darlegung dieser Übersicht und insbesondere strittiger Fragen war der Verfasser bemüht, nach Möglichkeit eine eigene Stellungnahme zu vermeiden. Er ließ sich dabei von folgenden Gesichtspunkten leiten:

1. Gegenwärtig ist für die deutschen Geologen die Kenntnis der geologischen Verhältnisse der wichtigsten Uranlagerstätten und die Bekanntschaft mit den Schlußfolgerungen vieler Forscher wertvoller als die Mitteilung eines — beliebig gut fundierten — Standpunktes selbst der größten Kapazität. Die deutschen Geologen sind nach Meinung des Verfassers zunächst an der Vermittlung jener Tatsachen interessiert, welche es ihnen ermöglichen, sich zu geäußerten Auffassungen eine eigene Meinung zu bilden.

2. Die Darlegung einer individuellen Anschauung ist in jedem Falle nur dann interessant und wissenschaftlich bemerkenswert, wenn ihr Autor über eine tiefgehende Kenntnis der Geologie und Mineralogie des Urans verfügt und außerdem langjährige praktische Erfahrung in der Uranerkundung besitzt. Referent kann leider darauf keinen Anspruch erheben.

3. Ihm erschien es jedoch angebracht, gewissen — seines Erachtens zu apodiktischen — Äußerungen einzelner Verfasser durch Gegenüberstellung mit anderen Auffassungen nicht unbedeutenderer Geologen ihre für den forschenden Geist gefährliche Unbedingtheit zu nehmen.

In den letzten 15 Jahren sind außerordentlich große Fortschritte bei der Erforschung der Uranlagerstätten gemacht worden. Die referierten Arbeiten — vor allem die amerikanischen und sowjetischen — beweisen, daß bereits die Zeit für allgemeine theoretische Schlußfolgerungen gekommen ist.

Von sowjetischer und amerikanischer Seite sind in dieser Hinsicht schon erste erfolgreiche Schritte getan worden. Die deutsche Uranliteratur steht noch zurück.

Unseren wissenschaftlichen Verlagen kann heute deshalb nur geraten werden, zunächst die Übersetzung und deutsche Ausgabe sowjetischer Monographien in Angriff zu nehmen. Vielleicht wäre es sogar zweckmäßig, unter der Redaktion eines führenden Fachmannes (z. B. JANISCHEWSKIJ) aus den besten Einzelarbeiten eine kollektive Gesamtübersicht zusammenzustellen.

Das würde für die deutschen Geologen — bis zum Erscheinen eigener Abhandlungen — sicher eine große Hilfe sein.

Literatur

BATEMAN, J. D.: Recent Uranium Development in Ontario. — Econ. Geol. 1955 Nr. 4 (June-July).

BETECHTIN, A. G.: Lehrbuch der speziellen Mineralogie. 2. Aufl. — Berlin —München 1957.

BLONDEL, F. and LASKY, S. G.: Mineral Reserves and Mineral Resources. — Econ. Geol. 1956 Nr. 7.

CAVACA, R.: Prospection de l'Uranium en Portugal. — Referat Nr. 968 in Genf 1955.

DAVIDSON, C. F.: The Gold-uranium Ores of the Witwatersrand. — Min. Mag. 1953 Nr. 2.

DERRIKS, J. J. et VAES, J. F.: Le Gîte d'Uranium de Shinkolobwe. — Referat Nr. 1105 in Genf 1955.

DOMAREW, W. S.: in „Die Geologie der Uranlagerstätten der kapitalistischen Länder", Moskau 1956 (russisch).

EVERHART, D. L.: Uranium bearing Vein Deposits in the United States. — Referat Nr. 20 in Genf 1955.

EVERHART, D. L. and Wright R. J. The Geologic Character of typical Pitchblende veins. Econ. Geol. 1953, Nr. 2.

FISCHER, R. P.: Uranium bearing Sandstone Deposits of the Colorado Plateau. — Econ. Geol. 1950 Nr. 1.

FISHER, N. H. and SULLIVAN, C. J.: Uranium Exploration by the Bureau of Mineral Resources, Geology and Geophysics, in the Rum Jungle Province, Northern Territory Australia. — Econ. Geol. 1954 Nr. 8.

JOUBIN, F. R.: Uranium Deposits of the Algoma District, Ontario. — Trans. Canad. Inst. Min. Met. 1954 Nr. 5.

FRASER, J. A. and ROBERTSON, S. C.: Preliminery Description of the Geology and Mineralogy of the Gunnar Deposit, Saskatchewan. — Canad. Mining J. 1954 Nr. 7.

JANISCHEWSKIJ, E. M. in „Das Aufsuchen von Uranlagerstätten", Moskau 1957 (russisch).

JUSCHKO, S. A. und BORISCHANSKAJA, S. S.: Mikrochemische Reaktionen und die Methodik ihrer Ausführung. — Ztschr. angew. Geol. 1958, Heft 2/3.

KELLEY, V. C.: Influence of Regional Structure upon the Origin and Distribution of Uranium in the Colorado Plateau. — Referat Nr. 29 in Genf 1955.

KERR, P. F.: The Natural Occurence of Uranium and Thorium. — Referat Nr. 1114 in Genf 1955.

KIDD, D. F. A Pitchblende Silver Deposit, Great Bear Lake, Canada Econ. Geol. 1 =32, Nr. 2.

KIDD, D. F. and HAYCOCK, M. H.: Mineragraphy of the Ores of Great Bear Lake. — Bull. Geol. Soc. Amer. 1935 Nr. 6.

Klassifikation der Lagerstättenvorräte fester mineralischer Rohstoffe (Herausgeg. v. d. ZVK der DDR) Ztschr. angew. Geol. 1956, Heft 10.

KOHL, E.: Uran. — (Die Metallischen Rohstoffe 10. Heft) Stuttgart 1954.

KLEPPER, M. R. and D. C. WYANT: Uranium Provinces. — Referat Nr. 14 in Genf 1955.

KONSTANTINOW, M. M.: Das Aufsuchen von Uranerzen im Ausland. — Erk. und Lagerstättenpflege, Moskau, 1955 Heft 4 (russisch).

KRUSCH, P.: Vanadium, Uran, Radium. — (Die Metallischen Rohstoffe 1. Heft) Stuttgart 1937.

LANG, A. H.: Canadian Deposits of Uranium and Thorium (int. acc.). — Geol. Survey Canada, Econ. Geol. Series, 16, 1952.

LARSEN, E. S., PHAIR, J. G., GOTTFRIED, D. and SMITH, W. L.: Uranium in Magmatic Differentiation. — Referat Nr. 17 in Genf 1955.

LEVERENZ, H. W.: An Introduction to Luminescence of Solids. — New York 1950.

LEUTWEIN, F.: Alter und paragenetische Stellung der Pechblende erzgebirgischer Lagerstätten. — Geologie, 1958, H. 8.

LOVERING, T. S. and GODDARD, E. N.: Geology and Ore Deposits of the Front Range, Colorado. — Geol. Surv. Prof. paper 223 (1950).

LOWELL, J. D.: Applications of Cross-stratification Studies to Problems of Uranium Exploration, Chuska Mountains, Arizona. — Econ. Geol. 1955 Nr. 2.

MACGREGOR, A. M.: The Gold-uranium Ores of the Witwatersrand. — Min. Mag. 1953 Nr. 5.

MAGAKJAN, J. G.: Erzlagerstätten. — Moskau 1955(a) (russisch).

— Genetische Typen der Uranlagerstätten des Auslandes. — Schr. Mineral. Ges. Sowjetunion. 2. Serie. Nr. 3 1955(b) (russisch).

MEIXNER, H.: Fluoreszenzanalytische, optische und chemische Beobachtungen an Uranmineralien. — Chemie der Erde, 1940, S. 433ff.

MELKOW, W. G. in „Das Aufsuchen von Uranlagerstätten", Moskau 1957 (russisch).

MIHOLIĆ, S.: Genesis of the Witwatersrand Gold-uranium Deposits. — Econ. Geol. 1954 Nr. 5.

MITCHAM, T. W. and EVENSEN, C. G. Uranium Ore Guides, Monument Valley District, Arizona. Econ. Geol. 1955, Nr. 2.

NAHMIAS, M. E.: Libération et Exploitation de l'Énergie nucléaire. — Paris 1953.

OELSNER, O. W.: Die erzgebirgischen Granite, ihre Vererzung und die Stellung der Bi-Co-Ni-Formation innerhalb dieser Vererzung. Geologie, 1958, Nr. 1.

PAGE, L. R. Uranium in Pegmatites. Econ. Geol. 1950, Nr. 1.

PARKIN, L. W. and GLASSON, K. R.: The Geology of the Radium Hill Uranium Mine, South Australia. — Econ. Geol. 1954 Nr. 8.

PUCHALSKIJ, L. T. in „Das Aufsuchen von Uranlagerstätten", Moskau 1957 (russisch).

PUDOWKINA, I. A. in „Die Uranminerale", Moskau 1957 (russisch).

RAMDOHR, P.: Neue Beobachtungen an Erzen des Witwatersrands in Südafrika und ihre genetische Bedeutung, Berlin 1955.

REH, H.: Der „GrößereWitwatersrand" als Uranproduzent. — Ztschr. angew. Geol., 1956 Heft 7.

— Zur glazialen Entstehung der Witwatersrand-Konglomerate. — Ztschr. angew. Geol., 1957 Heft 5/6.

ROBERT, M.: Le Congo physique. 3-me Ed. Liège 1946.

SCHNEIDERHÖHN, H.: Erzlagerstätten. — Jena 1955.

SCHOEP, A.: Les Mineraux du Gîte uranifère du Katanga. — Tervueren, 1930.

SCHÜLLER, A.: Die Eigenschaften der Minerale. I. Teil. — 4. Aufl., Berlin 1957.

STAMMBERGER, F.: Einführung in die Berechnung von Lagerstättenvorräten fester mineralischer Rohstoffe. — Berlin 1956.

THOREAU, J. et DU TRIEU DE TERDONCK, R.: Le Gîte d'uranium de Shinkolobwe Kasolo (Katanga). — Bruxelles 1933.

THURLOW E. E. and Wright, R. J. Uranite in the Coeur d'Alène District, Idaho. Econ. Geol. 1950, Nr. 5.

WARD. H. J.: The Search for Australia's Uranium. — Min. engin. 1954, Nr. 12.

WATZNAUER, A.: Uranlagerstätten der Erde. — Berlin 1957.

ZESCHKE, G.: Prospektion von Uran- und Thoriumerzen. — Stuttgart 1956 (a).

— Prospektion und Nachweis radioaktiver Minerale und Erze. — Erzmetall, 1956 (b), Heft 2.

Zur Genese der Witwatersrand-Erze

ERICH LANGE, Berlin

Genetische Ansichten

Es dürfte noch einige Zeit vergehen, bis die komplizierten Vorgänge, die zur Anreicherung von Gold-Uranerzen in den Konglomeraten des Witwatersrandes führten, endgültig und restlos aufgeklärt sein werden. Nachdem kürzlich CH. F. DAVIDSON erneut die Diskussion über diese Frage angeregt und dabei die Forschungsmethode einiger Mineralogen angegriffen hat, soll hierzu auch von uns noch einmal kurz Stellung genommen werden.

Es gibt bei den Versuchen, die Herkunft der Gold-Uranerze zu erklären, zwei Hauptrichtungen. Die eine, die gleichzeitig die ältere und primitivere ist, nimmt an, daß die Gesamtmasse der heutigen Erze primär in den Konglomeraten abgelagert wurde. Die andere Richtung, die jünger ist, nimmt vorwiegend eine Erzzufuhr aus Lösungen in die bereits verfestigten permeablen Konglomerate an; ihre Anhänger berücksichtigen geologische und geochemische Tatsachen, die anderseits von denjenigen, die wie W. R. LIEBENBERG und P. RAMDOHR vorwiegend von erzmikroskopischen Beobachtungen an Schliffen ausgehen, mitunter vernachlässigt werden. Nach DAVIDSON ist die Erkenntnis der Genese der Erze des Witwatersrandes das wichtigste Problem für die angewandte Geologie des Erzgebietes, da von ihr die Methode zum Aufsuchen neuer Erzvorkommen weitgehend abhängt.

Er wirft den Erzmikroskopikern vor, es fehle ihnen an der nötigen Objektivität; man könne nicht lediglich auf Grund von Beobachtungen an An- und Dünnschliffen umfassende geologische Probleme klären.

Drei Fünftel der Uranförderung der westlichen Welt stammt nach DAVIDSON *aus Konglomeraten* des südafrikanischen Witwatersrands und des kanadischen Blind River. Geologie und Geochemie dieser beiden Lagerstättenreviere gleichen sich trotz verschiedener Erzführung so weit, daß man annehmen muß, ihre Vererzung gehe auf die gleichen geologischen und geochemischen Ursachen zurück. Eine dritte ähnliche Erzprovinz mit Uranpecherz, Gold und Pyrit findet sich in den Konglomeraten der brasilianischen Sierra de Jacobina (Bahia). Man muß die Erzgenese der drei zusammen auftretenden Bestandteile Uranpecherz, Gold und Pyrit, als ein unteilbares Ganzes betrachten und darf dabei die Entstehung und Umformung ihrer Nebengesteine nicht übersehen. Von den Verfechtern der Seifentheorie wird nicht bestritten, daß die Konglomerate des Witwatersrands einer Metamorphose unterworfen wurden, die durch Umkristallisierungen die primären Strukturen vieler Mineralien verwischte. Nach WATZNAUER fußte die Uranproduktion bis etwa 1950 auf dem Abbau hydrothermaler Gangerze. Inzwischen sind diese an die zweite Stelle gerückt, die *größte Menge an Uranerzen* wird z. Z. aus *Erzanreicherungen in Sedimenten* gefördert. Besonders muß hervorgehoben werden, daß WATZNAUER zum Vergleich der genetischen Vorgänge, die zur Konzentrierung von Uranerzen in älteren Konglomeraten führten, die gut untersuchten Verhältnisse im nordamerikanischen Colorado-Plateau heranzieht. Seine Auffassung ist (S. 15), daß „abgesehen von ihrer späteren metamorphen Überprägung", die Uranerzvorkommen des Witwatersrands „alle Einzelheiten der Plateau-Vererzung wiederholen". In diesem Zusammenhang ist beachtenswert, daß GRATON (auf S. 113/114) auf die gediegenes Kupfer enthaltenden Konglomerate von Michigan hinweist und daß er die Ähnlichkeit ihrer Ablagerung mit der des Goldes in den Konglomeraten von Witwatersrand hervorhebt. Er hält die beiden gediegenen, in den Konglomeraten auftretenden Metalle für Absätze aus Tiefenlösungen. Sollte das nicht Anlaß sein, daß sich unsere Geologen bei Versuchen, die Genese der Pecherzvorkommen in Konglomeraten zu klären, u. a. intensiver als bisher mit der Genese der gediegenes Kupfer enthaltenden rotliegenden Konglomerate von Zwickau befassen?

Gold

Das Gold liegt nicht in der Form vor, die man gewöhnlich in Seifen beobachtet, also nicht in Flittern oder Nuggets. Einwandfrei ist vielmehr festgestellt, daß es mobilisiert wurde, als die Konglomerate bereits verfestigt waren. Es durchädert ältere Erzmineralien, hat Klüfte und wurde durch die kohlige Substanz ausgefüllt. Selbst RAMDOHR gibt einen Lösungstransport zu, allerdings im Ausmaß von Millimetern oder Zentimetern.

DAVIDSON dagegen weist darauf hin, daß man auf den Goldlagerstätten von Kilo Moto (Belgisch Kongo) und auch sonst in Ostafrika und Rhodesien festgestellt hat, daß die geochemische Front der Granitisierung das Gold gewissermaßen vor sich hertreibt, um es dann an geeigneten Stellen in permeablen Gesteinen höherer Stockwerke anzureichern. Auch die sogenannten „tauben" Quarzite des Witwatersrands enthalten Goldspuren. Bei der großen Mächtigkeit ihrer Gesteinskomplexe ist die Gesamtsumme des in ihnen aufgespeicherten Goldes um ein Vielfaches größer als die Goldmenge in den abgebauten Lagerstätten. Beachtenswert ist, daß die Quarzite des Witwatersrandes goldreicher sind, als es Sandsteine anderer Geosynklinalen normalerweise zu sein pflegen. Die Herkunft des Goldes in den „tauben" Quarziten des Witwatersrandes *und* in seinen bauwürdigen Konglomeraten muß auf die gleichen Ursachen zurückgehen.

REH (S. 209), ein Anhänger der Seifentheorie, behauptet mit RAMDOHR und anderen, daß das Gold als Seifenmineral in die Lagerstätte gelangte. Doch selbst Seifengold wandert in alluviale Ablagerungen nicht nur als Detritus, sondern auch als Absatz aus Oberflächenlösungen, die das gelöste Gold an geeigneten Stellen ausfällen und so zur Bildung von Nuggets führen. Solche charakteristischen Nuggets sind nach RAMDOHR aus den Witwatersrand Konglomeraten nicht bekannt. Ebenso wurde bisher nicht beobachtet, daß die zahlreichen Quarzgerölle jemals Gold, und sei es auch nur in Fünkchen, primär enthalten hätten. Das Gold ist überwiegend umkristallisiert und kommt in dem aus „umgelagerten Quarz und Serizit" (RAMDOHR S. 13) als Hauptbestandteilen bestehenden Bindemittel in gezackten Bildungen vor. „Nur ein geringer Anteil der Goldkörnchen läßt noch die ursprüngliche Form des Seifengoldes erkennen". Leider hat RAMDOHR diese

Formen nicht näher beschrieben. Wann, d. h. in welchem der Stockwerke, die die Konglomerate bei ihrer Absenkung in mindestens 10000 – 12000 m Tiefe passierten, diese Aus- bzw. Umkristallisationen stattfanden, ist bisher nicht bekannt.

Gerölle

Über die Bildung der Silikatgerölle der Witwatersrand-Konglomerate gibt es keine Diskussion. Die Erzmikroskopiker neigen jedoch dazu, auch jedes Erzpartikelchen, das gerundete Formen aufweist, als Geröll zu beschreiben. LIEBENBERG hat nach DAVIDSON (S. 679) festgestellt, daß Uranpecherz im Witwatersrand-Konglomerat mitunter keine gerundeten Formen besitzt, sondern daß es irreguläre Flecken in der Matrix bildet und dabei teilweise Quarzgerölle und Pyrit verdrängt oder ersetzt. LIEBENBERG kommt aber dennoch zu der Folgerung: alle *gerundeten* Uranpecherzpartikelchen sind primäre Seifenbestandteile, alle anderen Formen gehen auf sekundäre, d. h. auf später durch Lösungsvorgänge umgelagerte Erze zurück. RAMDOHR lehnt dagegen das Auftreten mehrerer Uranpecherz-Generationen ab. Es besteht also schon bei den *mineralogischen* Deutungen der Erzmikroskopiker keine einheitliche Meinung. WATZNAUER (S. 15) lehnt RAMDOHRs Deutung der Uranpecherzpartikelchen als „Gerölle" ab. Diese Partikelchen seien keine „Gerölle im üblichen Sinn", sondern „feinster Staub". Dagegen, daß sie Seifenbestandteile sein sollen, spricht, daß in den hangenden Teilen des Witwatersrandsystems Quarzgänge auftreten, die Uranpecherz und Gold führen. „Beide Erze sind zweifellos mobilisiert und nicht primär hydrothermal. Unter diesen Verhältnissen ist es nicht sehr wahrscheinlich, daß die Pechblende der tieferen Horizonte bei der zweifellos stattgefundenen nicht unerheblichen Metamorphose nicht umgebildet wurde, während für das Gold auch von P. RAMDOHR eine Wanderung angenommen wird" (S. 16/17).

DAVIDSON weist auf die geringen Durchmesser der Uranpecherzpartikelchen hin. Er zählt eine ganz Reihe von Autoren auf, deren Feststellungen zeigen, daß Körner von so geringem Durchmesser nicht durch Abrollung und Verkleinerung entstanden sein können. Viel wahrscheinlicher sei es, daß sie durch aggressive Lösungen verkleinert oder überhaupt erst durch Ausfällung aus solchen gebildet wurden.

Einspruch muß gegen RAMDOHRs Deutung erhoben werden, daß alle von ihm beobachteten gerundeten Pyrite Geröllbildungen sein sollen und daß eine „Pyritsedimentation" in vielfacher Wiederholung stattfand. Wir fallen dabei keiner Suggestion zum Opfer gemäß RAMDOHRs Hinweis:

„Offenbar können plausible geologische Suggestionen, . . . ‚daß Seifenbildungen ‚nie' Pyrit als Geröll in solchen Mengen führen könnten' auch gute Beobachter völlig hypnotisieren." (RAMDOHR S. 15.)

Der Pyrit weist, wie RAMDOHR betont, in den Witwatersrand-Konglomeraten eine *unerhörte Vielgestaltigkeit* auf. Unter den syngenetischen Pyritgeröllen, die RAMDOHR beobachtet haben will, sind besonders auffällig „runde, häufig halbe Erbsengröße erreichende Körner (buckshot-pyrits)". Es kommt vor, daß 10 cm mächtig werdende Partien vorliegen, die fast allein „aus solchen runden Pyriten bestehen". Feinste Pyrit-Klufttapeten sind „tausendfach" zwischen Quarzkörpern beobachtet worden. In bezug auf ihre Bildungszeit sagen sie „nicht das geringste aus". Sie könnten an sich „insgesamt eine Bildungsperiode von winziger Dauer ebenso wie von einer Milliarde Jahren repräsentieren", und die gerundeten Pyrite können „Gerölle" sein oder pseudomorphe Gerölle anderer Mineralien, Konkretionen in situ u. a. m.

Der Pyrit hat Limonite und Itabirite verdrängt, was man an den konservierten ursprünglichen Strukturen erkennen kann. Wo kam aber die Schwefelzufuhr für diese Pyritisierung her? Sie erfolgte nach R. durch Zuführung von H_2S „etwa gleichzeitig" mit der Konglomeratbildung (S. 18). Neben den „Geröllpyriten" gibt es nun aber auch noch Konkretionen z. T. mit „Kennzeichen weiten und recht robusten Transports". Daneben überall „Pseudomorphosenpyrite". In den Buckshotlagen kommen häufig poröse und lockere Knollen vor, „oft schon stark abgerollt, oft nur gering bewegt". Der Pyrit zeigt also nicht nur eine unerhörte Vielgestaltigkeit, sondern außerdem noch eine *erstaunliche Widerstandskraft* gegenüber den Abrasionskräften in der „Kugelmühle der Quarzgerölle", die nach RAMDOHR zur Bildung der Konglomerate führte, sowie gegen geochemische Einflüsse, die auf ihn von der Atmosphäre bis zu ca. 12000 m Tiefe einwirken konnten!

Es finden sich weiter schalige und septarienförmige Konkretionen. Sie hätten nennenswerten Transport nicht überstehen können und entstanden nach RAMDOHR selbst kurz vor oder nach der Konglomeratbildung. Schließlich gibt es noch „hydrothermale Pyrite" und das sind alle die, die nach Meinung RAMDOHRs nicht als Gerölle oder Konkretionen in die Konglomerate gelangt sein können. Leider scheint RAMDOHR ebenso wie LIEBENBERG zu apodiktisch der These zu folgen: *Im Schliff gerundet erscheinende Erzpartikelchen sind Gerölle, nicht gerundete sind durch Umlagerung bzw. als hydrothermale Absätze entstanden*!

Gerundete Bildungen können durch Ausfällung aus Lösungen an der Erdoberfläche, am Meeresboden, in Seen, Mooren usw. entstehen, ohne daß irgendeine Abrasion stattfand.

Für die angebliche Geröllnatur gerundeter Pyrite gibt RAMDOHR (S. 31) einmal folgende Erklärung: „Magnetkies findet sich ... in winziger Menge, aber sehr verbreitet, und zwar in allen mir vorliegenden Reefs und im ganzen Areal in rundlichen Einschlüssen in sicher alten Pyritgeröllen ... Es ist das ein Vorkommen, wie es in Tausenden von Pyriten hydrothermaler Herkunft bekannt ist, z. B. in Goldquarzgängen, und zeigt neben vielem anderen, daß diese Pyritgerölle eben wahre Gerölle sind". Also: Einschlüsse von *gerundetem* Magnetkies, die sicher hydrothermaler Herkunft sind, „beweisen", daß die *rundlichen* Pyritknollen nicht hydrothermaler Herkunft sein können, sondern daß sie „wahre Gerölle" sind!

Uranpecherz

Uranpecherz tritt nicht selten auch in anderen Lagerstätten in gerundeter bis kugeliger Form auf. Erinnert sei an die schwarzen glänzenden Kügelchen, die sich in dichten tonigen und mergligen Gesteinen vorfinden und die die europäischen Bergleute von alters her sehr treffend als „Mausaugen“ oder „Fischaugen“ bezeichneten (s. auch LEUTWEIN). Diese kuglige Gestalt rührt daher, daß sich Uran aus gelartigen Lösungen ausschied.

Nach DAVIDSON & BOWIE kommen sowohl kolloidale wie kristalline Uranpecherze im Witwatersrand-Konglomerat vor, und beide Abarten können hydrothermaler Herkunft sein. Die Schrumpfungsrisse, die DAVIDSON an kolloidal abgesetzten Uranpecherzen beobachtete, deutete LIEBENBERG als Brekzienbildung während der Metamorphose, und RAMDOHR konnte sie überhaupt nicht feststellen.

LEUTWEIN (S. 789) beschreibt kürzlich ein Pechblendevorkommen in Freiberger Gängen: „Pechblende ist fast stets nur mikroskopisch sichtbar in kleinen, in Quarz oder Schwerspat liegenden Kügelchen. Sie ist relativ weitverbreitet, aber stets in sehr geringer Konzentration vorhanden.“

Über die Beziehung zwischen dem Uranpecherz und den Thucholiten (= „kohlige Substanz“) bemerkt RAMDOHR (S. 22): „Die von mir durchgemusterten selbständigen, also nicht in ‚kohliger Substanz‘ eingeschlossenen Uranpecherzkörner, waren *sämtlich in der geologischen Erscheinungsform gleichartig* ..., stets handelt es sich um Gerölle“.... Diese sollen sich praktisch ausnahmslos in den untersten Teilen der Konglomerathorizonte vorfinden, was wieder DAVIDSON aufs energischste bestreitet. Nach den Beobachtungen mit Geigerzählern können Uranerzanreicherungen im liegenden wie im hangenden Teil der Reefs sowie irgendwo in ihren mittleren Partien auftreten. Ihre Verteilung sei ähnlich der von Schwermetallmineralien in Steinkohlenflözen.

Die kohlige Substanz ist nach RAMDOHR so weit inkohlt, daß sie bereits Graphitisierungsanzeichen aufweist. Sie ist also relativ stark metamorphosiert worden. Ursprünglich aber wanderte sie nach RAMDOHR (zusammen mit Schwefelwasserstoff), gasförmig oder flüssig, schon während der Sedimentation in die Konglomerate ein:

„Die leicht bewegliche organische Substanz ... wanderte zu den zerbrochenen Uranpecherzkörnern und ‚verdaute‘ sie, aber nur insoweit, als sie sehr fein zerrieben oder schon in einem Zustand der Zersetzung waren. Waren Körner schon recht weitgehend zersetzt, so konnte die organische Substanz das Uran leichter lösen und auch weiter wegführen“ (S. 25/26).

RAMDOHR gibt zu, daß irgendwann während der lang andauernden Lebensdauer der Witwatersrand-Konglomerate Lösungen auf das Pecherz eingewirkt haben: „Sehr viele, in manchen Proben praktisch alle Uranpecherzkörner sind in situ kataklastisch zerbrochen, und zwar ganz früh — vielleicht schon bei der Sedimentation — und oft von umgelagerten Mineralien, z. B. Gold, Skutterudit u. a. verkittet“ (S. 22).

Warum wurde nun von DAVIDSON und anderen die angeblich überragende Rolle der Uranpecherzgerölle übersehen? Nach RAMDOHR liegt das „zweifellos in der ganzen oder teilweisen Zerstörung in vielen Fällen“. Es bleiben dann nur noch Uranpecherz-„Geister“ übrig und „sie verraten, daß ursprünglich die Zahl der Uranpecherzkörner um ein Vielfaches größer gewesen ist, als jetzt auf Grund der wohlerhaltenen auszuzählen wäre“ (S. 23). Man kann diese „Geister“ schwer erkennen, „wenn im Kern auch die letzten Reste von Uranpecherz und Bleiglanz irgendwie weggelöst sind“.

Wir haben nur einen Teil der Schlußfolgerungen, die RAMDOHR aus seinen erzmikroskopischen Beobachtungen zog, erwähnt. Aber schon die angegebenen Tatsachen dürften genügen, um die Wahrheit des RAMDOHRschen Ausspruches zu bestätigen: „Ich habe den Eindruck, daß meine Arbeit die Schwierigkeiten der Deutung im einzelnen jedenfalls noch erhöhen wird“ (S. 6). Wenn RAMDOHR weiter schreibt: „was die Zuverlässigkeit meiner Beobachtungen betrifft, so darf ich ... bemerken, daß ich kein heuriger Hase bin, also triviale Fehler an sich ebensowenig zu erwarten sind, wie ein Übersehen wichtiger Dinge“ — so ruft das besonders bei uns deutschen Geologen keinen Widerspruch hervor. Allerdings ist DAVIDSONs Seufzer, was denn das für eine eigenartige Geochemie und Geologie sei, die RAMDOHR vertritt, nur zu verständlich.

In normalen stratigraphischen Folgen sind im allgemeinen tonige Gesteine radioaktiver als sandige. In den Gesteinskomplexen des Witwatersrandes besteht das umgekehrte Verhältnis. DAVIDSON schließt hieraus, daß die sandigen Gesteine ebenso wie die Konglomerate epigenetisch mit Gold und Uran angereichert worden sind. Das ist die „Uranitisierung“, von der auch KRENKEL spricht (s. S. 251).

Zur hydrothermalen Umbildung

RAMDOHR u. a. sprechen des öfteren von einem „pseudohydrothermalen“ Zustand. Was ist darunter zu verstehen? Offensichtlich meinen sie hydrothermale Verhältnisse, die u. a. nicht lokal auf einige Gangbildungen beschränkt, sondern in ganzen Schichtenpaketen regional vorhanden waren.

Nach RAMDOHR 1954 stieg in den Konglomeraten die Erwärmung durch Überlagerung auf immerhin vielleicht 200° C, „wo also sich bewegende Wässer schon hydrothermalen Charakter haben“. Weiter fand in mehr lokalem Umfang eine „hochhydrothermale Umwandlung“ statt, wobei von Doleriten „sehr viel Schwefel“ zugeführt wurde. Dabei wurde „der noch vorhandene ‚Blaksand‘ zu Pyrit ... umgesetzt“ (1954 S. 16).

Die Temperaturen überschritten bei der „Sulfidierung“ mitunter 300° C. „Hier genügt schon etwas Bergfeuchtigkeit, um pseudohydrothermale Erscheinungen im größten Umfang hervorzurufen ... Die Lösungen waren so aktiv und heiß, daß sie eine sonst eigentlich nur magmatisch bekannte Erscheinung (‚Blauquarze‘ vieler Granite) durch Infiltration hervorrufen konnten. Auf diese Lösungen müssen wir auch die ganz hochhydrothermal aussehende Neubildung von Kupferkies mit Cubanitlamellen, von Magnetkies mit etwas Pentlandit, das idioblastische Wachstum vieler Pyrite und die Umlagerung der ursprünglichen Goldflitter der Seifen zurückführen“ (1954, S. 17).

Soweit Verf. übersehen kann, lassen sich die beiden Begriffe geologisch u. a. auch in folgender Richtung deuten:

Hydrothermal: Heiße mineralführende Lösungen in Gängen innerhalb geringer temperierter Nebengesteine;

„*Pseudohydrothermal*": Heiße mineralführende Lösungen, regional auf weiter Front in allen erfaßten Gesteinen einschließlich etwa vorhandener Gangbildungen, wirkend.

Die Doppelgleisigkeit der beiden Begriffe scheint daher zu rühren, daß es in vielen Gegenden, darunter auch in Deutschland, keine größeren kata- und mesozonal umgewandelten Schichtenkomplexe in Verbindung mit der Granitisierungsfront an der Erdoberfläche zu beobachten gibt. Deshalb hat man neuerdings von erzmikroskopischer Seite aus den Begriff hydrothermal lediglich auf Gangbildungen beschränken wollen, was nicht richtig ist.

Zur Erforschung erzführender metamorpher Konglomerate

Die Erforschung metamorpher Konglomerate ist um so schwieriger, je weitgehender sie metamorphosiert wurden. In der Katazone können Konglomerate nahe der Granitisierungsfront so weit umgeformt werden, daß sie wie grobkristalline Quarzgänge aussehen. Nur in seltenen Fällen kann man an einem angewitterten Handstück erkennen, daß sich hier und da der Umriß eines Gerölls abzeichnet.

Verf. hatte Gelegenheit, eine ganze Reihe von Konglomeraten bzw. Reefs in dem Gebiet zwischen dem oberen Lom (Kamerun) sowie den Quellflüssen des Sangha und des Logone (Oubangui-Chari-Chad) kennenzulernen und sich von ihrer tiefgehenden Umformung zu überzeugen.

Man hat nun deswegen, weil LIEBENBERG und RAMDOHR von Uranpecherz-, Pyrit-, Arsenkies-, Thucholit- und anderen Geröllen im Witwatersrand-Konglomerat sprechen, geologisch zu begründen versucht, weshalb diese unter heutigen atmosphärischen Bedingungen leicht verwitternden und in rezenten Seifen nicht vorkommenden Mineralien zur Witwatersrandzeit angeblich der Verwitterung entgehen konnten. Man nahm dazu an, daß niedrige Temperatur und reduzierende Bedingungen die Verwitterung eingeschränkt hätten, daß das Oberflächenwasser infolge Fehlens einer Flora einen p_H-Wert von 7 gehabt hatte, eine Eiszeit die Gerölle transportierte usw. Die elliptische Form der Gerölle, ihre petrografische Einförmigkeit, spricht gegen einen Eistransport, für den man weitere Beobachtungen haben müßte, vor allem über die petrografische Vielseitigkeit der Geschiebe. ISACHSEN, MITCHAM & WOOD beobachteten im Colorado-Plateau Urananreicherungen in *allen Sedimenttypen* (fluviatilen, äolischen, lakustrischen, lagunären und marinen) *mit Ausnahme glazialer Absätze.* Diese Beobachtung sollte geradeso zur Vorsicht mahnen wie die folgende Darstellung RAMDOHRs (S. 37): „Feststellungen der Art, daß in rezenten Bergwerkshalden (Witwatersrand, Cornwall) Uranpecherz sich schnell löst, besagen gar nichts, da in den verwitternden Halden massenhaft Pyrit in feingepulvertem Zustand vorliegt, die zirkulierenden Lösungen also sehr stark sauer sind."

Wenn REH (S. 209) der Ansicht ist, daß „durch die erzmikroskopischen Untersuchungen der Beweis erbracht wurde, daß Uraninit sowie ein Teil des Pyrits und des Arsenkieses in Form gerundeter Körnchen als Detritus in die Lagerstätte gelangt sind" und daß man deshalb eine glaziale Entstehung der Witwatersrand-Konglomerate annehmen müsse, so ist das methodisch nicht einwandfrei. Zuerst müssen die typischen Absätze und sonstigen Anzeichen einer Eiszeit nachgewiesen sein, dann kann man niedrige Temperaturen annehmen und darauf die Erklärung versuchen, weshalb gelegentlich Erzeinschlüsse der Witwatersrand-Konglomerate in gerundeten Formen vorliegen.

Schlußfolgerungen

DAVIDSON wirft RAMDOHR vor, daß seine geochemisch nicht begründeten geologischen Spekulationen das Aufsuchen neuer erzführender Konglomerate erschweren. Das ist ein harter Vorwurf!

Allerdings wird am Witwatersrand auch DAVIDSONs hydrothermale Vorstellung nicht der Erkundungsmethodik zugrunde gelegt. Diese stützt sich vielmehr auf sedimentäre genetische Vorstellungen, die ja für das *Konglomerat* (nicht für die Vererzung) unbestritten sind.

RAMDOHR sagt (S. 42): „Im jetzigen Zustand haben Gold und Uranpecherz gar nichts miteinander zu tun, was aber nicht bedeuten braucht, daß sie nicht ursprünglich einmal als Schwermineral abgesetzt wurden, möglicherweise sogar denselben Gängen entstammen." Er gibt selbst zu, daß es schwierig ist, seine Feststellungen *geologisch* auszuwerten. „Die Folgerungen sind oft mehr derart, daß sie Bildungshypothesen ausschließen, als Wege zu neuen Deutungsmöglichkeiten weisen." So ist es in der Tat! Typisch für alle bisher bekannten erzführenden Konglomerate ist, daß sie tief versenkt wurden und so Gelegenheit fanden, von druckaufgeladenen mineralhaltigen Thermalwässern durchwandert zu werden.

Man sollte sich diese klare Erkenntnis vor allem festhalten, da sie wichtige Ausgangspunkte für die Erforschung der Lagerstättengenese dieses Typs gibt. Diese weiter zu untersuchen und zu klären, bleibt nach wie vor Aufgabe zukünftiger Untersuchungen.

Literatur

CROWELL: Origin ob pebbly mudstones. Bull. Geol. Soc. of America, 1957, S. 993–1007.

DAVIDSON, CH. F. & BOWIE S. M. U.: On tucholite and related hydrocarbon – uraninite complexes, with a note on the origin of the Witwatersrand gold ores. Great Britain Geol. Surv. Bull. 3, 1951, S. 1–19.

DAVIDSON, CH. F.: On the occurrence of Uranium in ancinet conglomerates. Ec. Geol. 52, 1957, S. 668–693.

GRATON, L. C.: Hydrothermal origin of the rand gold deposits Part. I. Testimony of the conglomerates. Ec. Geol., J. 1930, Supplement to Nr. 3 S. 1–185.

HORNE, J. E.: Age of a late uraninite from the Witwatersrand: Great Britain Geol. Surv., Age Determination Rept. 2. 1957.

ISACHSEN, V. W., MITCHAM, F. W. & WOOD, H. B.: Age and sedimentary environments of Uranium host rocks, Colorado-Plateau. Econ. Geol., 50, 1955, S. 127–134.

LANGE, E.: Uranvorkommen in terrestrischen Sedimenten, Z. f. a. G. 1956, S. 3–8.

LIEBENBERG, W. R.: The ocurrence and origin of gold and radioactive minerals of the Witwatersrand. Trans. Geol. Soc. S. Afr. 58, 1951, S. 101 bis 254.

LEUTWEIN, F.: Alter und paragenetische Stellung der Pechblende erzgebirgischer Lagerstätten. „Geologie" 6, 1957, S. 797–805.

RAMDOHR, P.: Über metamorphose und sekundäre Mobilisierung. Geol. Rundsch. 42. 1954. S. 11–19.

– Neue Beobachtungen an Erzen des Witwatersrands in Südafrika und ihre genetische Bedeutung. Deutsch. Akad. Wiss. Berlin, Math.-Naturw. Kl. Nr. 3, 1955.

REH, H.: Der „Größere Witwatersrand" als Uranproduzent. Z. f. a. G., 1956, S. 290–298.

– Zur Gliederung glazialer Entstehung der Witwatersrand-Konglomerate. Z. f. a. G. 1957, S. 209–211.

WIEBOLS, J. H.: A suggested glacial origin for the Witwatersrand conglomerates. Trans. Geol. Soc., S. Afr. 58, 1955. S. 367–387.

Zeitschrift für angewandte Geologie (1958) Heft 5

TH. BOTINELLY & A. D. WEEKS

Die mineralogische Einteilung der Uran-Vanadium-Lagerstätten des Colorado-Plateaus[1]

Referiert von HORST ULBRICH

Die Uranlagerstätten des Colorado-Plateaus enthalten Mineralverbindungen, die das Ergebnis verschiedener Oxydationsstufen von Lagerstätten mit unterschiedlicher Elementzusammensetzung sind.

Th. BOTINELLY und A. D. WEEKS bringen in ihrem Beitrag einige verallgemeinerte mineralogische Daten der einzelnen Lagerstättentypen. Die einzelnen Uranlagerstätten, die aus der untenstehenden Abbildung ersichtlich sind, wechseln in mineralogischer Hinsicht sehr. Teilt man sie jedoch nach der Elementkombination und dem Oxydationsgrad ein, so wird eine Regelmäßigkeit dieser Lagerstätten offensichtlich, die sich als Folge der Wechselwirkung von Oxydation und primärer Erzzusammensetzung ergibt.

Die Einteilung erfolgte nach der Auffassung von der fortschreitenden Oxydation der Erzlagerstätten, die Uran und Vanadium oder andere akzessorische Metalle enthalten. Diese Ansicht über die Oxydation wurde 1954 erstmalig von A. D. WEEKS und R. M. GARRELS entwickelt. Durch Laboratoriumsversuche von Mitarbeitern des U. S. Geological Survey wurde die Reihenfolge der Mineralien aufgestellt, die bei der Oxydation von verschiedenen Lagerstättentypen entstehen. Auf diesen Ergebnissen fußt auch die Einteilung der Lagerstätten des Colorado-Plateaus.

BOTINELLY und WEEKS gehen kurz auf die mineralogischen Kennzeichen der einzelnen Typen ein. Jede Lagerstätte kann gemäß den vorhandenen vorherrschenden Erzmineralien eingeteilt werden. Diese Erzmineralien sind entweder primäre Oxyde und Silikate oder sie entstehen aus diesen durch die Oxydation. In den Lagerstätten, die vollständig oxydiert sind, wird die mineralogische Zusammensetzung bestimmt durch den Betrag an vorhandenem Vanadium im Vergleich zum Uran. Dort wo genügend Vanadium vorhanden ist, das Uran im Carnotit zu binden, sind andere Uranverbindungen selten; wo Vanadium selbständig vorhanden ist, werden verschiedene Vanadatmineralien gebildet; wo ungenügend Vanadium vorhanden ist, das gesamte Uran im Carnotit zu binden, bilden sich anstelle der Vanadate Uranylverbindungen.

In einigen Lagerstätten ist die Oxydation noch nicht soweit fortgeschritten, Carnotit oder andere hochvalente Mineralien zu bilden. Diese Lagerstätten enthalten dann entweder sogenannte „intermediate" Mineralien (d. h. Mineralien, die V^{+4}-Ionen enthalten) oder Mischungen von U^{+4}- und U^{+6}-Mineralien bzw. beide.

Die Verfasser teilen weiterhin ihre Beobachtungen über die Oxydationsvorgänge mit. Die Erzlagerstätten der Morrison-Formation haben fast ausschließlich ein hohes Vanadium-Uran-Verhältnis, während das in den Lagerstätten, die in Triasschichten auftreten, gerade umgekehrt ist und in einigen dieser Lagerstätten sogar Kupfer stärker vertreten ist als Vanadium. Sowohl in den Trias- als auch in den Jura-Lagerstätten ist nicht oxydiertes bzw. nur teilweise oxydiertes Erz sehr selten. Das ist auch erklärlich, da die meisten Gruben in diesem Gebiet oberflächennah sind. Im Gebiet des Bull Cañon kommen neben vorwiegend oxydierten Erzen auch Lagerstätten mit nichtoxydierten Erzen vor. Auf der JJ-Grube treten Taschen mit nichtoxydierten Partien meist zusammen mit Karbonaten in vollständigen oxydierten Erzen auf. Vanadium-Uran-Lagerstätten, die nur teilweise oxydiert sind, zeigen eine sehr eng begrenzte Übergangszone zwischen den beiden Erztypen.

BOTINELLY und WEEKS klassifizieren die Lagerstätten des Colorado-Plateaus in 8 Typen (3 große Gruppen, davon jeweils die Oxydationsarten) und zwar nach dem Vanadium-Uran-Verhältnis und nach der Wertigkeit der Erzmetalle: (siehe Abb.)

Die *Gruppe 1* besteht aus Erzen mit einem hohen Vanadium-Uran-Verhältnis (3:1 bis 5:1). Es ist ein großer Überschuß an Vanadium im Verhältnis zu den Mengen, die zur Bildung von Carnotit oder Tujamunit benötigt werden, vorhanden. Diese Gruppe wird charakterisiert durch größere Mengen an Vanadium-Mineralien.

Die *Gruppe 2* besteht aus Erzen, bei denen die Mengen an Vanadium und Uran nahezu gleich sind (Verhältnis 3:1 bis 1:2). In dieser Gruppe ist nur ein geringer Überschuß an Vanadium vorhanden. Vanadium-Mineralien treten zurück.

Die *Gruppe 3* besteht aus Erz, das Uran und wenig oder kein Vandium enthält; andere Metalle sind gewöhnlich als unbedeutende Bestandteile des Erzes vorhanden. Die mineralogische Zusammensetzung dieser Erze schwankt erheblich. Nur 2 Oxydationsstufen sind vorhanden, entsprechend den Wertigkeiten des Urans (+6 und +4). Bei teilweiser Oxydation kann jede Mischung von U^{+4}- und U^{+6}-Mineralien eintreten.

Abschließend werden in einer Übersicht die 8 Typen der Lagerstätten dargestellt. Die dabei angeführten vorherrschenden Erzmineralien sind jene Uran- und Vanadiumverbindungen, die den Hauptanteil des Erzes darstellen und die deshalb typisch für diesen Erztyp sind. Die anderen aufgeführten Mineralien sind solche, die auftreten können, die jedoch nicht typisch für die Oxydationsstufe sind.

Übersicht über die U-V-Lagerstätten des Colorado-Plateaus

Gruppe 1 (V : U = 3:1 bis 15:1)

Typ 1 (hochvalente oder oxydierte Erze):

Vorherrschende Erzmineralien:
Carnotit Tujamunit
Hewettit Vanadiumerde

Unbedeutende Erzmineralien:

Hohe Wertigkeit	Mittlere Wertigkeit	Geringe Wertigkeit
Fervanit	Corvusit	Paramontroseit
Hummerit	Fernandit	Uraninit
Navajoit	Melanovanadit	(mit Coffinit)
Pascoit	Rauvit	
Rossit		
Natriumvanadat		
(Analogon v. Hewettit)		

[1]) Aus Geological Survey Bulletin 1074 – A, 1957.

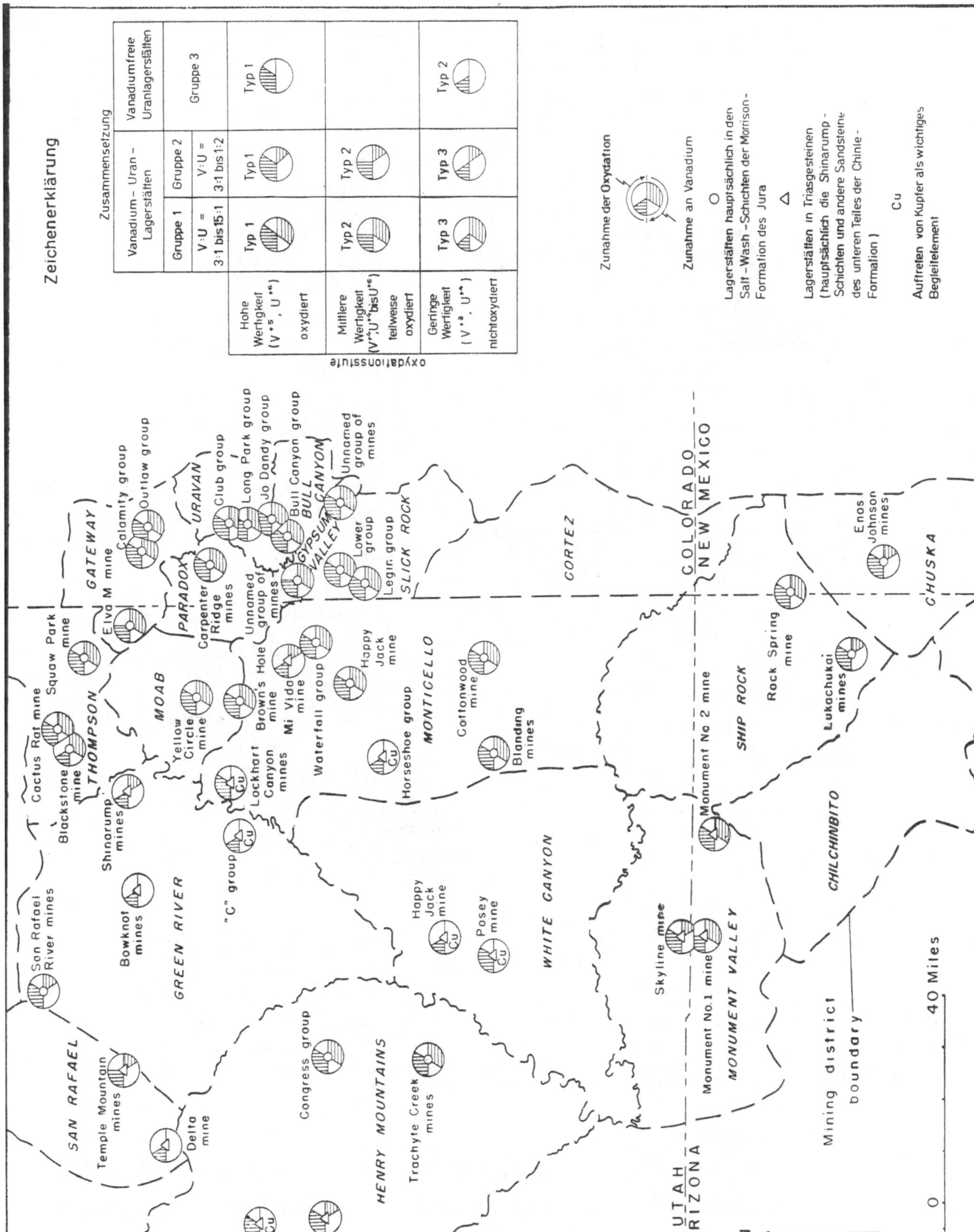

Die Uran-Vanadium-Lagerstätten des Colorado-Plateaus und ihre Einteilung nach mineralogischen Gesichtspunkten

Gangmineralien:

Schwerspat	Fe-Oxyde
Kalkspat (selten)	Bleikarbonate u. -sulfate
Gips	Zinkkarbonate u. -sulfate

Bemerkungen:

Die Erzmineralien sind rot, gelb und braun.

Typ 2 (mittelvalente oder teilweise oxydierte Erze):

Vorherrschende Erzmineralien:

Corvusit	Rauvit
Doloresit	Vanadium(erde)
Hewettit	

Unbedeutende Erzmineralien:

Hohe Wertigkeit	Mittlere Wertigkeit	Geringe Wertigkeit
Carnotit	Fernandinit	Paramontroseit
Tujamunit	Melanovanadit	Uraninit

Gangmineralien:

Schwerspat	Gips
Kalkspat (selten)	Pyrit und Fe-Oxyde

Bemerkungen:

Diese Erze sind vorwiegend schwarz bis blauschwarz, grünschwarz und braun.

Typ 3 (geringvalente oder nicht oxydierte Erze):

Vorherrschende Erzmineralien:

Coffinit	Uraninit
Montroseit	

Unbedeutende Erzmineralien:

Hohe Wertigkeit	Mittlere Wertigkeit	Geringe Wertigkeit
Carnotit	Corvusit	Paramontroseit
Tujamunit	Fernandinit	
	Melanovanadit	
	Rauvit	

Gangmineralien:

Schwerspat	
Kalkspat	Bleiglanz
Kupferkies	Pyrit
Kobalt-, Nickel- u. Arsenmineralien	Zinkblende

Bemerkungen:

Diese Erze sind vorwiegend schwarz; sie färben sich nur dort, wo höherwertige Oxyde gebildet werden.

Gruppe 2 (V:U=3:1 bis 1:2)

Typ 1 (hochvalente oder oxydierte Erze):

Vorherrschende Erzmineralien:

Carnotit	Uranyl-Karbonate, -sulfate
Tujamunit	u. -silikate

Unbedeutende Erzmineralien:

Hohe Wertigkeit	Mittlere Wertigkeit	Geringe Wertigkeit
Hewettit	Corvusit (selten)	Coffinit
V^{+5}-Mineralien (selten)	Fernandinit	Montroseit
	Rauvit	Uraninit

Gangmineralien:

Schwerspat	Gips
Kalkspat (selten)	Fe-Oxyde

Bemerkungen:

Im allgemeinen sind die mineralogischen Kennzeichen dieser Erze denen in Gruppe 1 gleichartig. Es ist weniger Vanadium im Überschuß vorhanden und daher sind weniger Vanadiumoxyde entstanden.

Typ 2 (mittelvalente oder teilweise oxydierte Erze):

Vorherrschende Erzmineralien:

Rauvit
Einige V^{+4}-Mineralien wie Corvusit, Fernandit, Doloresit

Unbedeutende Erzmineralien:

Hohe Wertigkeit	Geringe Wertigkeit
Carnotit	Montroseit
Sulfate	Uraninit
Tujamunit	
Uranyl-Karbonate	

Gangmineralien:

Pyrit
Fe-Oxyde

Typ 3 (geringvalente oder nicht oxydierte Erze):

Vorherrschende Erzmineralien:

Coffinit	Uraninit
Montroseit	

Unbedeutende Erzmineralien:

„Intermediate" Vanadiumoxyde sind selten;
Uranylverbindungen sind häufig.

Gangmineralien:

Kalkspat
Sulfide und Arsenide des Fe, Cu und Pb

Gruppe 3 (Uran in Verbindung mit kleinen Mengen anderer Metalle)

Typ 1 (hochvalente Erze):

Erzmineralien:

Abernathyit	Uranyl-Karbonate, -sulfate,
Schroeckingerit	-oxyde, -silikate
Torbernit	Zeunerit

Gangmineralien:

Allophan	Jarosit
Alunit	Opal
Kobaltblüte	Prickeringit
Halotrichit	Sekundäre Cu-Mineralien

Bemerkungen:

In diesen Erzen ist keine mittlere Wertigkeitsstufe vorhanden, da Uran 4- oder 6wertig ist. Die mineralogische Zusammensetzung kann in der Lagerstätte von Ort zu Ort wechseln. Lagerstätten mit einem vorherrschenden, jedoch unbedeutenden Metall, z. B. Kupfer, enthalten eine Reihe von Uranylverbindungen. Viele von diesen Erzmineralien zeigen Farbtöne von gelb und grün.

Typ 2 (niedrig valente (Erze):

Erzmineralien:

Coffinit
Uraninit (bei geringer Oxydation kann sich „Gummit" oder Uranschwärze bilden).

Gangmineralien:

Kupferkies	Nickelarsenide
Kobaltglanz	Pyrit
Bleiglanz	Zinkblende

Bemerkungen:

Die Erze sind schwarz mit roten, grünen und gelben Oxydationsmineralien.

H. L. CANNON

Botanische Prospektionsmethoden auf Uranlagerstätten des Colorado-Plateaus und Beschreibung der Indikatorpflanzen[1]

Referiert von HORST ULBRICH

Beim Aufsuchen von Uranlagerstätten bedient man sich in den letzten Jahren in steigendem Maße moderner und rationeller Methoden. In der hier rezensierten umfangreichen Veröffentlichung von H. L. CANNON werden zwei botanische Prospektionsmethoden dargestellt, die beim Aufsuchen von Uranlagerstätten im Colorado-Plateau erfolgreich angewandt wurden. Obgleich diese

[1]) Aus „Geological Survey Bulletin" 1030–M, Washington 1957.

Methoden nicht überall anwendbar sind — CANNON betont, daß sie vorerst nur in semiariden Gebieten zum Aufsuchen von erzführenden Horizonten, die oberflächennah lagern (Bedeckung bis 70 feet = etwa 20 m) geeignet sind —, so können doch aus den von den amerikanischen Geologen in dieser Hinsicht gemachten Erfahrungen für die Prospektion in anderen Gebieten der Erde wichtige Schlußfolgerungen gezogen werden.

In seiner Einleitung geht der Verfasser zunächst ganz allgemein auf die verschiedenen Möglichkeiten der botanischen Prospektion ein und stellt zwei Methoden heraus:

Die erste Methode beruht auf der chemischen Analyse des Urangehaltes von tiefwurzelnden Pflanzen, die Uran aus den Erzkörpern absorbieren. Sie ermöglicht es, Uranvorkommen unter einer Bedeckung von $<$ 20 m durch die Baumwurzelsysteme zu entdecken. Die Baumwurzeln wirken hierbei wie Wasserleitungen für die zur Erdoberfläche migrierenden löslichen Salze. Die Methode ist vor allem dort zu empfehlen, wo die vererzten Schichten in breiten Streifen zutage treten, oder auch dort, wo die vererzten Schichten in einem scharfen Cliff ausgehen, das gewöhnlich durch Einsturz verdeckt ist. Während im ersten Fall die Pflanzenproben nach einem Netz (quadratisch oder rechteckig) genommen werden, empfiehlt es sich im zweiten Fall, die Proben entlang einer Linie parallel zum Ausbiß zu nehmen. Die Proben werden entweder an Ort und Stelle durch einen Schnelltest auf Uran analysiert oder zur quantitativen Bestimmung in ein chemisches Labor gegeben.

Die zweite Methode, die der Verfasser beschreibt, fußt auf der Einteilung untersuchter Indikatorpflanzen, die gewöhnlich mit Uranlagerstätten verbunden sind. Diese Prospektionsmethode ist sehr einfach und mit geringen Kosten verbunden. Sie besteht in der Oberflächenkartierung der Verteilung bestimmter Indikatorpflanzenvarietäten. In dem hier referierten Buch von CANNON werden die wichtigsten Indikatorpflanzen für Uran beschrieben und mit zahlreichen Abbildungen versehen. Somit wird dem prospektierenden Geologen eine Arbeitsgrundlage gegeben, auf einfache Weise die Pflanzen für den Nachweis von Uran in einem bestimmten uranhöffigen Gebiet einzuordnen.

Eine dritte Methode wird lediglich erwähnt. Sie besteht in der Bestimmung der morphologischen und physiologischen Veränderung der Pflanzen, die auf Uranerzlagerstätten wachsen. Im Bereich der Uranlagerstätten des Colorado-Plateaus wurde diese Methode nicht erprobt.

Im 2. Abschnitt des Buches geht der Verfasser auf die Bodenarten und die Grundwasserverhältnisse im Colorado-Plateau ein, von denen die Pflanzengesellschaften weitgehend abhängig sind. Da das Klima in diesem Gebiet semiarid ist, bilden sich, außer in den Bergen und den höheren Tafelländern, Restböden. Die Textur und der Salzgehalt des Bodens hängen stark von den verschiedenen stratigraphischen Stellungen der Ursprungsgesteine (hier vorwiegend wechsellagernd Sandstein und Tonschieferschichten) ab und bestimmen die Pflanzen, die auf diesen Böden gedeihen. In den Wüstenböden treten vorwiegend leichtlösliche Salze auf, z. B. Karbonate, Chloride und Sulfate des Ca, Mg u. Na. Deshalb weisen die Pflanzen in diesen Gegenden große Gehalte an diesen Verbindungen auf. Ebenso ist eine direkte oder indirekte Abhängigkeit der Pflanzen vom Grundwasser festzustellen. Infolge von Kapillaren ist der Boden oberhalb des Grundwasserspiegels feucht bis zu mehreren Metern. Die Wurzeln der meisten Phreatophyten enden nach den Untersuchungen von WHITE (1932) in Kapillarröhren. Die Zone der Durchlüftung erstreckt sich vom Grundwasserspiegel bis zur Erdoberfläche. Es können aber auch Sättigungszonen oberhalb des Grundwasserspiegels auftreten, wenn nämlich Linsen oder Schichten von undurchlässigem Material eine Durchlüftung verhindern. Das ist häufig im Colorado-Plateau der Fall, wo die erzführenden Sandsteinschichten unter undurchlässigen Tonkomplexen liegen. Lokal verhindert der Ton die Abwärtsbewegung des Grundwassers, und so erklärt sich auch die nicht vorhandene Oxydation der relativ oberflächennahen primären Erze.

In einem weiteren Abschnitt setzt sich CANNON mit den Beziehungen der Pflanzen zum Grundwasser auseinander und stellt drei große Pflanzengruppen heraus:

Die Phreatophyten sind Pflanzen, die das zum Wachstum benötigte Wasser direkt aus dem Grundwasser beziehen, während Xerophyten die Bodenfeuchtigkeit aus der Durchlüftungszone entnehmen und lange Zeit (auch bei Dürre) lebensfähig sind. Eine 3. Gruppe, Ephemeral, hält sich längere Zeit im Boden als Samen oder Zwiebeln, bricht nach Zeiten größerer Regengüsse aus dem Boden, blüht, setzt Früchte und verschwindet kurzfristig. Alle diese Gruppen gedeihen im Colorado-Plateau und werden beschrieben.

Solche Phreatophyten wie *Salix*, *Tamarix*, *Cowannia*, *Shepherdia*, *Sarcobatus*, *Chrysothamnus* und *Hedysarum* sind typische Indikatoren für Grundwasser. Zu den Phreatophyten rechnen auch Wacholder und Kieferngewächse, die im Colorado-Plateau verbreitet sind. In Gebieten, in denen die erzführenden Schichten Grundwasser enthalten, können sie zur Analyse auf Uran benutzt werden. Xerophyten wachsen gewöhnlich auf Böden, die einen hohen Salzgehalt haben, sie eignen sich zum Nachweis von oberflächennahen Uranlagerstätten. Wo der Grundwasserspiegel unter der Erzzone liegt, ist besonders *Atriplex confertifolia* als Probenart geeignet. In Gebieten, in denen sich die Kapillarröhren bis nahe der Erdoberfläche erstrecken und somit lösliche Salze in größeren Mengen von den sulfidischen Erzkörpern zur Erdoberschicht migrieren konnten, wachsen Ephemeral-Indikatorpflanzen, die für die Prospektion verwendet werden können. So z. B. können wilde Zwiebeln, die Schwefelindikatoren sind, Uran in Tiefen von 6—9 m anzeigen.

Im 4. Teil der Veröffentlichung geht CANNON auf die Pflanzengesellschaften und die Indikatorpflanzen des Colorado-Plateaus speziell ein. Ausgehend von den Vegetationsbedingungen in verschiedenen Höhenlagen werden die wichtigsten Pflanzenassoziationen dargestellt. In den Sandsteinschichten der Summerville-, Chinle- und Mancos-Formation ist eine Pflanzenassoziation charakteristisch, die mit *Atriplex confertifolia* oder „Shadscale" bezeichnet, in geringen Höhen auftritt. Sie bevorzugt Trockenböden mit höheren Salzgehalten und wurzelt oberflächennah. In schweren Salzböden mit höheren Feuchtigkeitsgehalten wächst die Gesellschaft *Sarcobatus vermienlatus* (greasewood). Das Vorhandensein dieser Pflanzen deutet auf Salzgrundwasser in Tiefen von 4—5 m. Die Bedeutung dieser Pflanzengesellschaften zur Prospektion liegt nicht in ihrem normalen Zusammenvorkommen mit einer gegebenen geologischen Formation, sondern in ihrer abnormalen Ausbildung an ganz bestimmten Stellen zum Nachweis von Böden mit mehr oder weniger hohen Salz- und Feuchtigkeitsgehalten. In Gebieten mit *Atriplex confertifolia* und *Gutierrezia sarothrae* finden sich häufig ganze Flecken dieser Pflanzen, je nach der Ausnutzung bzw. Aufnahme von bestimmten chemischen Elementen. Die Pflanzen, die auf vererztem Boden wachsen, werden nicht immer durch ein und dasselbe Element charakterisiert. Je nach p_H-Wert kann eine Abhängigkeit von Phosphor, Calcium und anderen wichtigen Spurenelementgehalten für das Pflanzenwachstum oder eine Abhängigkeit von unbedeutenden Elementen, z. B. Selen oder Schwefel festgestellt werden. Pflanzen, in denen Selen nachweisbar ist, sind in einzelnen Fällen brauchbar für die Abgrenzung von Uranlagerstätten, da Se in vielen Uranerzen vorkommt. Als Indikatoren kommen die von TREALEASE und BEATH (1949) beschriebenen Pflanzen *Astragolus species*, *Stanleya*, *Aster venustus* u. a. in Frage, die große Beträge von Selen absorbieren. (Die Mengen können so erheblich sein, daß Schafe und Rinder vergiftet werden, wenn die Pflanzen mit in das Tierfutter gelangen.) Die Verteilung vieler schwefel- und calciumabsorbierender Pflanzen deuten die Anwesenheit von Gips im Boden an. Pflanzen, die große Beträge an diesen Elementen für ihr Wachstum benötigen, sind z. B. die Lilien- und Mustardfamilien. Da Uranerze gewöhnlich Sulfide enthalten, von denen das $CaSO_4$ abgeleitet werden kann, können diese Gipsindikatoren auf die Nähe von Uranlagerstätten hinweisen. Die Stanleyapflanzen haben noch eine besondere Eigenschaft: Sie können Selen durch Schwefel ersetzen und sind in der Lage, größere Mengen an Selen aus Gips zu extrahieren und zu konzentrieren. obgleich Gips nur geringe Se-Gehalte besitzt. Sie sind jedoch nicht in der Lage, größere Beträge an Se aus Carnotiterzen zu extrahieren. Die Pflanzen können also nicht als primärer Indikator von selenhaltigen Uranerzen herangezogen werden, sondern nur in einzelnen Gebieten als sekundärer Indikator für mineralisiertes Grundwasser dienen. Viele der anderen Pflanzen, die auf Uranlagerstätten gefunden wurden, zeigen einen Wechsel im Säuregehalt und in den benötigten Nährstoffen. Experimentelle Studien ergaben, daß von den Pflanzen größere Beträge an Calcium und Phosphor in der Nähe von Carnotitlagerstätten aufgenommen werden als in unvererzten Gebieten. In Ergänzung zu den Pflanzen, die bei der Prospektion zum Nachweis von Vererzung im Untergrund oder in den Alluvionen dienen, gibt es noch viele Pflanzen, die vererzten Boden bevorzugen. In dem Aufsatz von CANNON werden 16 dieser Pflanzen beschrieben. Im allgemeinen passen sich diejenigen Pflanzen den Böden mit hohen Mineralgehalten an, die einen sauren Zellsaft haben und infolgedessen befähigt sind, Alkalielemente zu absorbieren und zu neutralisieren.

In einem weiteren Hauptkapitel geht der Verfasser auf das Aufsuchen von Uranlagerstätten durch Pflanzenuntersuchungen ein. Um vererzte Gebiete abzugrenzen, werden Bäume und Sträucher mit starker Wurzelbildung auf Uran untersucht. Im allgemeinen wird Uran am besten absorbiert durch Pflanzen mit ganz saurem Zellsaft und hoher Kationenaustauschfähigkeit in den Wurzeln. Experimentelle Versuche zeigten, daß derartige Pflanzen in der Lage sind, größere Beträge an Ca, Se und S zusammen mit Uran zu absorbieren, jedoch nur sehr wenig K aufnehmen. Umgekehrt nehmen Kaliumabsorbierer nur geringe Beträge an Uran auf. Zur Probenahme werden im Colorado-Plateau größtenteils folgende Bäume und Sträucher verwertet:

1. in Höhen von 2100—2800 m:
   Pinus ponderosa Dougl.
   Pseutotsuga taxifolia Britt. (Douglas-Tanne)
   Abies concolor Lindl. (Weißtanne)
   Shepherdia rotundifolia Parry
2. in Höhen von 1800—2100 m:
   Pinus edulis Englm.
   Juniperus scopulorum Sarg.
3. in Höhen von 1200—1800 m:
   Juniperus utahensis Sarg.
   Juniperus monosperma Engelm.
   Cowania standsburiana Torr.
   Atriplex confertifolia (Shadscale)

Treten mehrere Pflanzen auf, so sind die Arten zu bevorzugen, die ein ausgedehntes Wurzelsystem aufweisen, das in den Erzhorizont einzudringen vermag.

Wenn es bei diesen Arten in einem bestimmten Gebiet keinen Hinweis auf Absorption von Uran gibt, werden die Proben vorläufig nur gesammelt, um die Minimalgehalte für den jeweiligen Boden zu haben. Diese Werte können dann zu Vergleichen herangezogen werden. Um die Folgerichtigkeit von Laborergebnissen und evtl. jahreszeitliche Schwankungen festzustellen, werden verschiedene Baumarten periodisch untersucht. Bei der Probenahme, die in bestimmten Abständen (je nach der Länge des mineralisierten Ausbisses, der Gestalt und Ausbildung bekannter Erzkörper u. a.) erfolgt, ist folgendes zu beachten: Zweige von einer bestimmten Seite des Baumes sind mit den Wurzeln dieser Seite des Baumes direkt verbunden. Der Urangehalt kann also schon innerhalb eines Baumes erheblich schwanken. Um eine richtige Durchschnittsprobe zu bekommen, ist es daher notwendig, Zweigspitzen von allen Seiten des Baumes zu sammeln. Die Methode ist dort erfolgreich zu verwenden, wo sich die uranführende Schicht nicht tiefer als 20 m unter der Erdoberfläche befindet. Der Probenabstand beträgt anfangs 60—75 m und soll dann auf 15 m verdichtet werden. Die Probemenge beträgt 75 g für eine Analyse. Die gesammelten Pflanzenproben werden verascht und die Pflanzenasche spektralanalytisch untersucht. Im Labor des Geologischen Dienstes wurden 1952 und 1954 durch GRIMALDI u. a. zwei spektralanalytische Methoden für die Untersuchung von geringen Urangehalten in Pflanzenaschen entwickelt. Wenn störende Elemente, z. B. Mn u. a. auftreten, wird das Uran vorher durch die sog. Extraktions-Spektralmethode chemisch abgetrennt. Das Verfahren dauert länger und ist teurer als die direkte Spektralmethode. Die Analysenergebnisse werden in 10^{-6}% Uran in der Pflanzenasche angegeben. Die Genauigkeit der Werte schwankt um $\pm 0,5 \cdot 10^{-6}$%.

Durch ANDERSON und KURTZ (1956) wurde bei der Prospektion auf pechblendeführende Gangerzlagerstätten mit Hilfe von α-Zählern Radioaktivität in Pflanzenaschen nachgewiesen. Durch diese Methode ist es möglich, Unterschiede im Urangehalt über $1 \cdot 10^{-5}$% festzustellen. Die Methode ist allerdings nicht geeignet zur Prospektion auf Lagerstätten vom Carnotit-Typ.

Obgleich der durchschnittliche Betrag an Uran, der von Pflanzen aufgenommen wird, gering ist (abhängig vom Erztyp, vom Grad der Oxydation und auch von den gesammelten Arten), kann ein Durchschnittsbetrag von $1 \cdot 10^{-6}$% in der Asche als Grenzwert angenommen werden. Gehalte an Uran, die über diesem Betrag liegen, werden als anomal betrachtet und deuten auf einen günstigen und möglicherweise vererzten Untergrund. Die Anomalien begrenzen also Gebiete von ungewöhnlichem Urangehalt in der Vegetationsdecke, sie sagen aber noch nichts aus über den Charakter des Erzes und die Tiefenlage.

Die Auswertung der Ergebnisse hängt in großem Maße ab von der sauberen und gewissenhaften Arbeit des Spektrallabors, vom Probenabstand, von den geologischen und topographischen Geländeaufnahmen und nicht zuletzt von der Ansicht des Prospektors und der Auffassungsgabe in dem entsprechenden Gebiet.

Im letzten Teil seiner Veröffentlichung macht H. L. CANNON einige Ausführungen über die Verwendung von Indikatorpflanzen bei der Prospektion. Er betont dabei, daß man in einem neuen Prospektionsgebiet so vorgehen muß, daß zuerst alle Pflanzen studiert werden müssen, die auf dem dortigen Boden gedeihen und von denen bekannt ist, daß sie erzführende Schichten bevorzugen. Ihre Verteilung ist genau zu kartieren, um zu unterscheiden, welche von ihnen bei der Prospektion verwendet werden können. Erst nachdem solche Studien gemacht wurden, können einige Pflanzengesellschaften entlang des Ausbisses einer erzführenden Schicht aufgenommen werden. Natürlich muß eine gewisse Sicherheit da sein, denn alle Pflanzen können auch an Stellen auftreten, wo kein Uran vorkommt. Selenpflanzen wachsen z. B. überall dort, wo kein Uran vorkommt. Selenpflanzen wachsen z. B. überall dort, wo ein geringer Betrag an Se im Boden vorhanden ist. Schwefelhaltige Pflanzen können dort gedeihen, wo Gips vertreten ist. Die in diesem Beitrag beschriebenen Pflanzenarten wurden wiederholt in Zusammenhang mit Uranlagerstätten des Colorado-Plateaus gefunden und konnten erfolgreich zur Prospektion auf Uran angewandt werden.

Die Indikatorpflanzen können am besten studiert und kartiert werden, wenn sie blühen. Aus diesem Grunde gibt H. L. CANNON im Anhang die Blütedaten für die Pflanzen an, die in einer Höhe bis zu 1400 m und nahe des 39. Breitenkreises wachsen. Die Blütezeit für eine bestimmte Pflanze wird weiter nach Süden bzw. in geringeren Höhen etwas früher einsetzen und nach Norden zu bzw. in größeren Höhen etwas später. Auch jahreszeitliche Eigenheiten der Pflanzen müssen berücksichtigt werden: so sind die Ephemeral-Pflanzen besonders im Frühjahr oder im frühen Sommer geeignet, während *Stanleya* u. a. meist den ganzen Sommer über blühen. Viele *Composites*, *Plantago* und *Mentzelia* blühen im Spätsommer und im Herbst.

Im Anhang bringt der Verfasser 100 Pflanzen, die nach ihrer Bedeutung für die Prospektion geordnet sind. Die allgemeinen und wissenschaftlichen Namen der meisten Arten sind in Übereinstimmung mit KELSEY und DAYTON (1942) geschrieben. Von jeder Pflanze wird eine einfache Beschreibung gegeben. Die technischen Begriffe werden in einem Wörterverzeichnis zusammengefaßt. Außerdem ist eine Karte der wichtigsten Bergbaugebiete vorhanden und ein Literaturverzeichnis.

Die hier rezensierte Veröffentlichung kann allen Uranprospektoren als wertvolle Hilfe bei der Anwendung der geobotanischen Prospektion dienen.

Lesesteine

Uranforscher unterm politischen Geigerzähler

Die politischen Verfolgungen, denen Prof. Dr. F. KIRCHHEIMER, Präsident des Geologischen Landesamtes in Freiburg, ausgesetzt ist, haben in einem großen Teil der Presse der Bundesrepublik erhebliches Aufsehen erregt. Unter der obigen Überschrift veröffentlichte die „Süddeutsche Zeitung" (München) am 19. 2. 58 einen ausführlichen Bericht über den Vorstoß, den Abgeordente des baden-württembergischen Landtags gegen KIRCHHEIMER unternahmen:

„Der von 34 CDU-Abgeordneten unterschriebene Antrag gipfelt in der Frage, ob Professor KIRCHHEIMER aus Sympathie für den Kommunismus und die von ihm beherrschten östlichen Staaten mehr als statthaft über die westdeutschen Uranvorkommen publiziert und damit gegen die Grundsätze der verfassungsmäßigen Ordnung in Bund und Land verstoßen hat.

Der aus Gießen stammende Geologe hatte 1951 von dem damaligen Staatspräsidenten der südbadischen Regierung, WOHLEB, den Auftrag erhalten, in den verfallenen, aus dem 15. Jahrhundert stammenden Bergwerkstollen des Kinzigtals und in der Nähe des alten Mönchklosters Wittichen im badischen Kreis Wolfach nach abbauwürdigem Uran zu suchen.

Nach dem Willen der 34 Antragsteller soll der parlamentarische Untersuchungsausschuß zunächst einmal feststellen, welche Rolle KIRCHHEIMER nach dem Zusammenbruch und in den folgenden Jahren dem Kommunismus gegenüber gespielt hat. Man weist darauf hin, daß der politisch interessierte Geologe auf dem ersten Nachkriegsparteitag der Kommunisten Südbadens in Singen für eine Verschmelzung der SPD und der KPD eingetreten ist. Er soll diesen Vorschlag, so wird allerdings von den Freunden KIRCHHEIMERs betont, nicht persönlich, sondern nur als Delegierter und im Auftrag der SPD Südbadens, die seinerzeit zu diesem Schritt bereit gewesen ist, gemacht haben. Dem Verschmelzungsplan ist freilich damals sehr rasch von Schumacher ein Riegel vorgeschoben worden.

Untermauert mit dieser politischen Reminiszenz wird die zweite Frage gestellt, ob sich KIRCHHEIMER nach der Entdeckung und Untersuchung der Uranvorkommen im Schwarzwald publizistisch richtig verhalten hat, oder ob er nicht durch eine zu sehr ins einzelne gehende Darstellung, wie sie nach Meinung der Antragsteller sonst nirgends auf der Welt üblich ist, eine erhebliche Gefährdung der Sicherheit der Bundesrepublik herbeiführte".

Die „Neue Zürcher Zeitung" vom 8. 2. 58 betont besonders, daß man KIRCHHEIMER vorwirft, „er habe im Frühjahr 1957, ‚also nach dem Verbot der Kommunistischen Partei durch das Bundesverfassungsgesetz und nach der blutigen Niederschlagung der Revolution in Ungarn', in einem volkseigenen Verlag in Halle ein wissenschaftliches Werk erscheinen lassen". Der „Spiegel" vom 19. 2. 58 bemerkt zu der gleichen Tatsache: „Die Hirnrissigkeit, die aus dem Hexenjäger-Latein der CDU-Genossen spricht, wird zur Gänze erst durch die Tatsache deutlich, daß sie wohlweislich den Titel des Buches verschwiegen haben, dessen Drucklegung in der Sowjetzone sie dem Professor KIRCHHEIMER als Verstoß gegen die „verfassungsmäßige Ordnung in Bund und Land" ankreiden wollen".

Das staatsgefährdende Buch des Geologen KIRCHHEIMER heißt: „Laubgewächse der Braunkohlenzeit".

Die „Frankfurter Allgemeine" vom 14. 2. 58 teilt mit: „Es trifft zu, daß gegen KIRCHHEIMER ein Ermittlungsverfahren wegen Landesverrates im Zusammenhang mit seinen Schriften über die Uranvorkommen im Schwarzwald im Gange war ... Der Oberbundesanwalt stellte jedoch die Ermittlungen im November 1955 ein, weil weder objektiv noch subjektiv ein Verschulden festzustellen war . . . Dem Verdacht, er könne durch seine Veröffentlichungen über die Uranvorkommen die Sicherheit der Bundesrepublik gefährdet haben, kann KIRCHHEIMER mit dem Hinweis entgegentreten, daß die erste Schrift aus dem Jahre 1952 dem damaligen Staatspräsidenten von Südbaden vor der Drucklegung vorgelegt worden war und die späteren Schriften im Auftrag des Wirtschaftsministeriums verfaßt worden sind."

Fügen wir diesen westlichen Protesten noch eine wichtige Stimme aus der DDR hinzu:

E. KAUTZSCH beschreibt in der „Geologie", Dezember 1957, S. 866 die Veröffentlichungen KIRCHHEIMERs als „schöne Arbeit, die vorbildlich in der Art der Behandlung des Stoffes ist": „Mit dieser Schrift wird das erste Mal in der Bundesrepublik in einem der Länder eine Inventur der Uranvorkommen vorgelegt. Die Art, wie sie aufgebaut ist, dürfte nicht nur für andere Länder der Bundesrepublik, sondern darüber hinaus vorbildlich sein." Ferner sei auf die Besprechung der neuesten Veröffentlichung KIRCHHEIMERS von R. HUTH hingewiesen, die auf S. 250 dieses Heftes unserer Zeitschrift erschienen ist.

Die „Freiheit" der „freien Welt" und ihres westdeutschen Bollwerks ist durch die Behandlung des Leiters des Geologischen Landesamtes von Baden-Württemberg jedem Geologen eindeutig sichtbar geworden. Die fortschrittlichen Wissenschaftler der Staatlichen Geologischen Kommission haben sich mit einer Protestresolution gegen die Verfolgung KIRCHHEIMERS an die zuständigen Stellen gewandt.

Ein Uran-Koch-Buch aus dem Athenäum-Verlag in Bonn

Die populärwissenschaftliche Literatur hat in Deutschland für die naturwissenschaftlichen Zweige und die Technik eine gute Tradition. Ganz unabhängig davon, ob der jeweilige Verfasser mehr die Allgemeinverständlichkeit oder die wissenschaftliche Strenge anstrebt, erfüllen diese Bücher eine große und verdienstvolle Aufgabe: sie vermitteln einem breiten Leserkreis in allgemeinverständlicher Form Erkenntnisse und Forschungsergebnisse meist weniger Gelehrter, zu denen die Leser sonst nur schwer Zugang erhalten hätten. Derartige begrüßenswerte populärwissenschaftliche Werke erscheinen auch heute nicht wenige sowohl bei uns in der DDR als auch in der Bundesrepublik (zum Beispiel bei Rowohlt, Franck und anderen). Das vorliegende Buch „Uran. Ein Erz verändert die Welt" von ERWIN ERASMUS KOCH (Athenäum-Verlag Bonn) knüpft leider nicht an diese guten Vorbilder an. Es ist seiner Anlage und seinem Inhalt nach in weiten Partien eine Kolportage amerikanischer Prägung um und über ein aktuelles Thema.

Wenn jemand meinen sollte, daß auch hierzu der Verfasser unter anderem eine gewisse Sachkenntnis mitbringen müßte, so beweisen KOCH und sein Buch das Gegenteil. Der Verfasser will ja wohl auch keineswegs Kenntnisse vermitteln, verfolgt offensichtlich nur ein Ziel, „Geld zu machen". Dazu bedarf es keiner Sachkenntnisse, sondern nur der Befolgung des bewährten Koch-Rezeptes:

Man nehme ein paar magere Tatsachen, lasse sie in einem Wust zweifelhafter Behauptungen untergehen und unter Zugabe einer tüchtigen Prise Antisowjethetze am sentimental flackernden Wildwestfeuer langsam aufkochen. Das Ganze wird in eine mit dem Schmalz „friedlicher" Redensart geschmierte Form gestürzt und, mit unverstandenen geologischen Ausdrücken garniert, heiß serviert.

Die nötigen Unterlagen besorgte sich Herr KOCH unter anderem aus so hervorragenden Tagesblättern wie „Die Welt", „Der Spiegel", „Die Zeit" und die „Neue Zeitung". Das Ergebnis war entsprechend, wie einige seiner Kapitelüberschriften erkennen lassen: „Atomverräter", „Mr. ASTRACHOW verrät sowjetische Atomgeheimnisse", „Die Schrecken von Aue und Ronneburg" usw. Im Stile von ZANE GRAY erzählt KOCH die Geschichte von WILL TOM ZUIDEN, der auszog, Uran zu suchen, und dabei das Gruseln lernte, denn INI — wie könnte KOCH ohne eine so melodramatische Heldin auskommen —, WILLs Herzallerliebste, wird von Wölfen zerrissen. Wir erfahren rührende und höchst geheimnisvolle Dinge über die „geschäftstüchtigen Russen", die GENERAL RUDENKO in die USA schickten, um dort für die Sowjetunion Uran zu „besorgen". Wir bekommen Manager der Uran-Bergbauunternehmen der Vereinigten Staaten und Kanadas vorgestellt und fühlen uns selbstverständlich höchst geschmeichelt.

Unter der reißerischen Überschrift „Die Schrecken von Aue und Ronneburg" werden uns aus Bonn überraschende Einzelheiten aus unserer nächsten Umgebung bekanntgemacht, die wir ohne westlich geschärften Blick natürlich übersehen mußten. KOCH schreibt da: „Im mitteldeutschen Urandistrikt arbeiteten 1952 300000 Zwangsarbeiter, die in den Bergwerken fronten." „Die kleine Stadt Aue wurde im Laufe der Jahre zum Inbegriff rücksichtsloser Ausbeutung, zur Stätte kalten Mordes ..." usw. Da bringt er auf drei Seiten Hirngespinste von der Art des bekannten Nachrichtenhändlers STEPHAN, über den vor einiger Zeit ein westberliner Gericht in Moabit das Urteil sprach.

Doch genug darüber. Wir haben nicht die Absicht, das Koch-Buch zu widerlegen oder zu kritisieren — es ist unter jeder Kritik. Da das Buch jedoch auch ein Kapitel „Uranerzarten" besitzt, und auch im übrigen Text sich zuweilen geologisch gebärdet, möchten wir die Leser der „Angewandten Geologie" mit einigen geologisch-mineralogischen Neuschöpfungen KOCHs bekanntmachen (KOCH hat sie, wie ein Vergleich zeigt, hauptsächlich aus dem durchaus ernstzunehmenden Buch „Uran" von E. KOHL übernommen, lediglich entstellt, bzw. durch KOCH-Künste verdorben).

Das bekannte Mineral Torbernit macht er kurzentschlossen überall zu Tobernit, Mikroklin heißt bei ihm abwechselnd Mikkolin (S. 119) und Mikrolin (S. 120). Daß Autunit eine Art der Pechblende, bei KOCH zuweilen besonders wertvolle, ist, dürfte unsere Mineralogen überraschen. Daß auch Zeunerit nur „eine der zahllosen Arten von Pechblende" ist, ist wiederum eine KOCHsche Entdeckung. Den Bohrleuten gibt KOCH einen wichtigen Hinweis über die Anlage der Bohrlöcher: „Ihre Anlage geschieht gewöhnlich im rechten Winkel zu den Bohrlinien." (S. 101.) Kurz und prägnant, wenn auch sinnlos. Was sich KOCH unter dem kanadischen Schild vorstellt, dürfte aus folgender Formulierung hervorgehen „... Athabasca-See, den der präkambrische Schild ganz überdeckt ..." (S. 52). Den Geologen schreibt er zu: „Sie wissen mit Sicherheit, daß an die Querverwerfungen der nach Eruptionen versteinerten Erdkurste Uran-Kupfervorkommen gefunden (!) sind" (S. 117). „Die riesigen Bäume der Permzeit" läßt KOCH vor 25 Millionen Jahren, also etwa Anfang des Miozän wachsen (S. 153). Daß KOCH den Unterschied zwischen Basalt und Granit nicht kennt (siehe S. 172), nimmt bei diesem Fachmann nicht wunder, daß er jedoch Grauwacke gleich Basalt setzt (S. 173), ist für einen erwachsenen Menschen beschämend. Die KOCHschen „Prospektoren wissen, daß Uran-Imprägnationen von ‚Magma' oder eruptive Mineralisationen durch Uranpecherz stets möglich sind, und nach diesen Erfahrungen richten sie ihre Muten ein. Sie wissen auch, daß primäre radioaktive Erze vor den sekundären Arten entstanden sind ..." (S. 173) usw.

Das „wissenschaftliche Werk" schließt mit dem fundamentalen Satz: „So haben die Uransucher des Atomzeitalters ihre Faustregeln, keiner dieser Männer sucht blindlings." (S. 173).

Welche Vorstellung muß der Verfasser wohl von den geistigen Qualitäten seiner Leser haben, wenn er ihnen auf 175 Seiten soviel konzentrierten Unsinn zumutet? Ein altes Sprichwort lautet: „Viele Köche verderben den Brei." In diesem Falle hat es ERWIN ERASMUS KOCH mit dem Athenäum-Verlag allein geschafft. —Ul—

Besprechungen und Referate

DONALD L. EVERHART

Origin of Uranium Deposits

Mining Engineering, New York, Vol 6, Nr. 9 1954, S. 905.

Vorliegende Arbeit von DONALD L. EVERHART, Chef der geologischen Abteilung in der Hauptabteilung Rohstoffe der U. S. Atomic Energy Commission, stellt einen ersten Versuch dar, alles damals vorliegende Material über Uranerzlagerstätten zu systematisieren. Bei dem Tempo der Erforschung von Uranerzlagerstätten in den letzten 5 Jahren hat daher diese Arbeit mehr historischen Charakter. Die beiliegenden Tabellen sind aus diesem Grund ebenfalls unter den oben angeführten Aspekten zu betrachten.

In den Vordergrund der Diskussion um die Herkunft von Uranerzlagerstätten stellt der Verfasser zwei Fragen: 1) woher kommen die den Erzkörper bildenden Metallionen und 2) welche Prozesse und geologischen Faktoren waren bei der Bildung der Erzlagerstätte beteiligt.

Einleitend wird darauf hingewiesen, daß die ganze Frage der Forschungsarbeiten auf dem Gebiet von Uranerzlagerstätten in den letzten Jahren unter besonderen politischen und militärpolitischen Erwägungen standen, und daß eine normale, lückenlose Information und Bearbeitung aller Arbeiten erst in den letzten Jahren begonnen hat. Die erste umfassende Darlegung aller Kenntnisse und Probleme auf dem Gebiet der Kernenergie erfolgte erst auf der Genfer Atomenergiekonferenz im August 1955, deren Ergebnisse der Verfasser noch nicht auswerten konnte.

Verglichen mit der Menge der Veröffentlichungen auf dem Gebiet der Eisen-, Kupfer-, Blei-, Zink- und Goldlagerstätten in den letzten 50—75 Jahren, befindet sich das allgemein bekannte Wissen über Uranlagerstätten erst im Anfangsstadium. Trotz alledem ist in den letzten Jahren ein beachtenswerter Aufschwung zu verzeichnen.

Bemerkenswert ist die interessante Tatsache, daß man schon heute von den Uranlagerstätten der Welt sagen kann, daß sie ein weites und recht differenziertes Auftreten aufweisen (vgl. d. Tabellen).

Der Verfasser führt einige Uranlagerstätten der verschiedensten Typen an und wendet sich dann der Geochemie des Urans zu.

Uran ist, wie allgemein bekannt, ein leicht lösliches und daher weit verbreitetes Element. Nach GRUNER tritt Uran in Lösung meist im sechswertigen Zustand auf, wobei man annimmt, daß es sich unter Oxydationsbedingungen in den Lösungen als Uranylion UO^{++} bewegt. Des weiteren wird festgestellt, daß nur neutrale Medien mit pH-Werten von 5—8,5 nicht in der Lage sind, Uran in Lösung zu halten. Ausgefällt wird Uran hauptsächlich durch karbonatische Medien, bei denen u. a. auch die starken Adsorptionseigenschaften eine große Rolle spielen. In magmatischen Gesteinen ist Uran infolge seiner Ladung und seines Ionenradius hauptsächlich in den Akzessorien zu finden. Neuere Untersuchungen haben festgestellt, daß die Hauptmenge des Urans nicht in die Gitter eingebaut, sondern dazwischen eingelagert wird. Diese Einlagerung ist so locker, daß schon verdünnte Säuren eine vollständige Herauslösung des Urans aus dem pulverisierten Gestein bewirken.

Abschließend zu diesem Problem stellt der Verfasser fest, daß „Uran eigentlich in jedem Teil des Zyklus auftritt (vgl. Tabelle II). Vermutlich kann es auf Grund seiner hohen Löslichkeit innerhalb eines weiten pH-Bereiches eine breite Temperatur- und Druckdifferenz vieler geologischer Prozesse überstehen".

Der Verfasser geht dann auf die Genese von Uranerzlagerstätten ein. Auf Grund einiger geochemischer Eigenschaften und des geologischen Charakters bekannter Lagerstätten kann angenommen werden, daß das Uran während der Differentiation des Magmas in die Akzessorien eines Granits oder Pegmatits eingebaut, durch die Erosion abgetragen und in organischen Verbindungen, wie z. B. in den Schiefern von Chattanooga u. a. bei der marinen Sedimentation abgelagert wurde. Die Frage der hydrothermalen Uranerzlagerstätten steht ebenfalls nicht so sehr im Mittelpunkt der Diskussionen. Diese konzentrieren sich vielmehr auf die Probleme der verstreut in Sedimentgesteinen auftretenden Uranlagerstätten. Vor allem geht der Verfasser auf die Uranerzlagerstätten des Colorado-Plateaus ein, die vielfach an Verwerfungen, Brüche und Salzstrukturen gebunden sind. Es existieren hier zwei wesentliche Theorien. Die eine ist annähernd syngenetisch und sagt, daß das Lager kurz nach Entstehung des Trägergesteins durch Grundwässer gebildet wurde. Die andere behauptet, daß die Lagerstätten telethermalen Ursprungs sind. Die Lösungen sollen von einem, in der Tiefe sitzenden Muttergestein entlang Spalten aufgestiegen sein und sich dort mit zirkulierenden Grundwässern vermischt haben. Keine der Theorien ist jedoch mit allen bisher bekannten Tatsachen restlos in Einklang zu bringen. Auch die Lagerstätten in metamorphen und granitisierten Sedimenten sowie in Braunkohlenlagern bergen noch manche Rätsel.

Der Verfasser weist schließlich darauf hin, daß bei fast allen „disseminated deposits" in Sedimentgesteinen saure oder alkalische Grundwässer eine noch nicht geklärte Rolle bei der Lagerstättenbildung spielen.

In der Zukunft müssen bei der Betrachtung von Uranerzlagerstätten alle geologischen Faktoren berücksichtigt werden.

Bach

Tabelle I. Die Einteilung der Uranerze nach den Trägergesteinen

Trägergesteine		Lagerstättenform	Beschreibung der Uranerzlagerstätten
Magmatische Gesteine	Tiefengesteine	Gänge	Uraninit in Quarz-Pyrit-Bleiglanz-Gängen Uraninit in Nickel-Kobalt-Kupfer-Silber-Gängen *Davidit in titanreichen Quarzgängen
		Pegmatite	uranführende Pegmatite
		Imprägnationen	*Brannerit im Granit
	Ergußgesteine	Gänge	*Uraninitführende Gänge im Basalt *Uraninitführende Gänge im Andesit *Uraninitführende Gänge im Rhyolit
		„disseminated"	Uranphosphate in Ergußgesteinen
Sedimentgesteine	Klastische Sedimente	Diffus in fluviatilen Sandsteinen und Konglomeraten	*Oxyd. Uran-Vanadiumlagerstätten Kupfer-Uranlagerstätten uranführende Asphaltitlagerstätten Carnotitlagerstätten *„Sekundäre" Lagerstätten wasserhaltiger Uranoxyde, Phosphate, Arsenate usw.
		Diffus in Tonschiefern	*Uranminerale in Tonschiefern von Klüften und Verwerfungen ausgehend uranführende schwarze Schiefer
		Seifen und Strandsande	uranführende Seifen und Strandsande
	Sedimente chemisch-organogener Herkunft	Diffus in kalkhaltigen Sedimenten	Uranminerale in Kalksteinen von Klüften ausgehend uranführende Phosphatlagerstätten
		Braunkohlenflöze	uranführende Braunkohlenlagerstätten
Metamorphe Gesteine	Umgewandelte Sedimentgesteine (Paragesteine)	Gänge	in kristallinen Schiefern und Paragneisen
		Versprengt	*in Quarziten und Metakonglomeraten *in kristallinen Schiefern und Paragneisen
	Umgewandelte magmatische Gesteine (Orthogesteine)	Gänge	in Amphiboliten

* Wichtigere Untersuchungsergebnisse aus dem Jahre 1953.

Tabelle II. Vorläufige Einteilung der Uranlagerstätten nach ihrer Genese

	Magmatische Entstehung	Hydrothermale Entstehung	Genese ungeklärt, Verlagerung wird den Grundwässern zugeschrieben	Mögliches Ausspülen durch Grundwässer aus vulkanischem Material	Sedimentäre Entstehung	Biogenetische Entstehung
Lagerstätten in Tiefengesteinen	Brannerit im Granit	Pechblendeführende Gänge in Tiefengesteinen				
	Uranführende Pegmatite	Uraninitführende Gänge in Ergußgesteinen				
		Uranphosphate in Ergußgesteinen				
Lagerstätten in metamorphen Gesteinen		Pechblende- oder Daviditführende Gänge in metamorphen Sedimenten oder Amphiboliten				
		(*)Uraninit diffus in metamorphen Sedimenten			(?)	
Lagerstätten in Sedimentgesteinen		Pechblende- oder tucholitführende Gänge in Sedimenten				
		(*) Kupfer-Uranlagerstätten			(?)	
		Uranmineralien in Kalksteinen, an Klüfte gebunden			(?)	
			? Oxyd. Uran-Vanadium-Lagerstätten ?			
			? Carnotit-Lagerstätten ?			
			„Sekundäre" wasserhaltige Uranoxyde in sedimentären Becken ?			
			Uranführende Asphaltlagerstätten			
				Uranführende Braunkohlen-Lagerstätten		
						Uranführende schwarze Schiefer (?)
					Uranführende Phosphat-Lagerstätten	
					Uranminerale in Seifen und Strandsanden	

(*) Herkunft sehr wahrscheinlich
(?) Herkunft weniger wahrscheinlich

F. Kirchheimer

Bericht über das Vorkommen von Uran in Baden-Württemberg

Abh. des Geol. Landesamtes in Baden-Württemberg, Heft 2, Freiburg i. Br., 1957.

Seit 1951 prospektierte das Geologische Landesamt in Baden-Württemberg im Auftrage seiner Landesregierung auf Uranerze. Die Ergebnisse der bereits in den Vorjahren veröffentlichten Untersuchungen (Kirchheimer: Die Uranerzvorkommen des mittleren Schwarzwaldes. — Mitt.-Bl. Bad. Geol. Landesanstalt f. 1951 (1952). Kirchheimer: Weitere Untersuchungen über das Vorkommen von Uran im Schwarzwald. — Abh. Geol. Landesamt Baden-Württemberg *1*, 1953) werden in o. g. Bericht wiederholt, durch neue Befunde ergänzt und zu einer Inventur der Uranvorkommen in Baden-Württemberg zusammengefaßt.

Für die Prospektierungsarbeiten wurde eine tragbare UV-Lampe mit Sammlerstromversorgung entwickelt, die sich auch in nassen Grubenbauen und bei nächtlicher Suche nach sekundären Uranmineralien auf Halden bewährt haben soll. Im übrigen lieferte folgender Arbeitsgang die im vorliegenden Bericht zusammengestellten Ergebnisse:

1. Studium des Schrifttums und Durchsicht der auf den alten Bergbau in den uranhöffigen Gebieten bezüglichen Akten; Beschaffen neuzeitlicher Feldgeräte für das Messen der Radioaktivität (Geigerzählrohre, Szintillometer);
2. Durchsicht der Sammlungen nach radioaktiven Mineralien mit Hilfe der Meßgeräte;
3. Inventur der Fundorte von häufig in Uran-Paragenesen auftretenden Mineralien als Indikatoren für die Erze (z. B. Ni-, Co-, Bi-, As-Verbindungen; Seltene Erden; Stinkspat);
4. Aufsuchen der Vorkommen von radioaktiven Mineralien im Anstehenden und auf Halden unter besonderer Berücksichtigung früherer Funde sowie der uranhöffigen Gebiete;
5. Aufwältigen der alten Gruben und lagerstättenkundliche Bearbeitung der festgestellten Anbrüche mit Uranerzen.

Gegenstand der Inventur waren nur Uranvorkommen, die eine U-Konzentration von nicht weniger als 0,03% erreichen, obwohl vom Verfasser angenommen wird, daß Lagerstätten mit noch geringeren Gehalten (bis zu 100 g/t) unter günstigen bergwirtschaftlichen Voraussetzungen bauwürdig sein können.

Im Schwarzwald, in den Gesteinen des Grundgebirges und auf seinen Erzgängen, sind mehrere Stellen mit erhöhter Radioaktivität und Urananreicherungen nachgewiesen. In den Bereichen der pegmatitischen Differentiate und der hydrothermalen Formationen hat sich ergeben, daß Uran allgegenwärtig ist. Menge und Umfang sind in der Mehrzahl der Vorkommen aber nur geringfügig. Wie bereits von anderen U-Vorkommen innerhalb und außerhalb Deutschlands bekannt, hat sich auch im Schwarzwald gezeigt, daß die Konzentrationen nicht ausschließlich auf die Bi-Co-Ni-Formation beschränkt sind. Begrenzte Vorkommen finden sich im Kristallin auch ohne erkennbaren Zusammenhang mit Erzgängen; sogar unvererzten Klüften und tauben Ruscheln sind bisweilen erhöhte Aktivitäten eigen. Sie werden auf radioaktive Substanzen zurückgeführt, die von deszendenten Wässern zugeführt wurden.

Besonders ausführlich wird über die Erzgänge und den Chemismus der Uranmineralien des Kinzigtales (Wittichen, Reinerzau, Schiltach) berichtet. Für die chemischen und mineralogischen Untersuchungen standen nur wenige Funde aus dem Anstehenden, vorwiegend Erze von den Halden und aus Sammlungen zur Verfügung („Die Fürstenbergische Kammer zu Donaueschingen hat auf Anordnung Seiner Durchlaucht des Prinzen Max zu Fürstenberg eine Durchsicht der Bergbauakten und die Entnahme von Erzproben aus den zum Eigentum des Fürstlichen Hauses gehörenden Gruben großzügig gestattet"). Die reichen Uranerze auf der Halde der Grube Sophia bei Wittichen (Schwerspatstufen mit gediegen Wismut und Pechblende, uranhaltiger Speiskobalt, von Pechblende durchtrümerter Granit) müssen aus gegenwärtig nicht mehr zugänglichen tieferen Sohlen stammen, da in den befahrbaren oberen Teufen keine nennenswerte Aktivität herrscht. Für hydrothermale Mineralisationen ungewöhnlich und noch nicht recht zu erklären ist ein hoher Gehalt an Seltenen Erden. LEIBIGER (Diss. 1956) hat von Pechblendestufen der Haldenerze die Uran- und Thoriumgehalte bestimmt und die Seltenen Erden abgetrennt, wobei sich ein übereinstimmendes Verhältnis der Bestandteile ergab. Die Untersuchungen über die Bauwürdigkeit der U-Erze in den Kobalt-Silbererzgängen des Kinzigtales sind wegen der angenommenen Uranteufe noch nicht abgeschlossen.

Im Kristallin von Weiler bei Lahr sollen ebenfalls die Uranerzvorkommen (Torbernit, Autunit in bleiglanzführenden Hornstein-Gangbrekzien) hinsichtlich ihrer Bauwürdigkeit noch näher erkundet werden.

Die Prospektierungen im Gebiet der alten Schiefer des südlichen Schwarzwaldes blieben annähernd ergebnislos. Nur an einer Stelle (bei Präg) zeigten Geigerzähler und UV-Licht ein sekundäres Uranmineral an; die chemische Analyse ergab 0,07% U. Der U-Gehalt wird auf hydrothermale Mineralisation, nicht auf syngenetisches Vorkommen mit kohliger Substanz zurückgeführt. An keiner Stelle sind Hinweise auf eine weitere Verbreitung von U- oder Th-Mineralien in alten Schiefern gegeben.

Auch den Pechblendegehalten in der alten Kobaltgrube bei Sulzburg, die noch 1949 als abbauwürdig bezeichnet wurden, wird nach den neueren Erkundungen kein wirtschaftlicher Wert beigemessen.

Über die Radioaktivität der Phonolithe des Hegaues (Hohentwiel, Hohenkrähen, Mägdeberg,) die nicht auf K_2O-Mineralien, sondern auf Urangehalten beruht, wurde in den früheren Veröffentlichungen bereits berichtet. U-Gehalte von ca. 0,03% wurden festgestellt. Hydrothermale Zufuhr liegt nicht vor; weitere Untersuchungen sollen eine Erklärung für die Anreicherung im phonolithischen Magma erbringen. Die Phonolithe des Kaiserstuhls enthalten an keiner Stelle mehr als 200 g/t. Dagegen zeigten einige kontaktmetamorphe Marmorvorkommen im Kaiserstuhl-Gebiet (Schelingen, Badberg) höhere Uran- und Niobgehalte, die an ein dem Koppit ähnliches Mineral, „Uran-Koppit", gebunden sind. Es wird angenommen, daß an Uran und Niob reiche Differentiate dem in der Tiefe des Kaiserstuhls vorhandenen Nephelinsyenit entstammen. Kalziumniobat habe sich in dem durchgasten und z. T. aufgeschmolzenen Marmor gebildet. Sowohl die U-Gehalte in den Phonolithen als auch der „Uran-Koppit" „bleiben zunächst ohne wirtschaftlichen Wert".

Gleichfalls von ausschließlich wissenschaftlichem Interesse sind einige Mitteilungen über unterschiedliche, z. T. beachtliche Aktivitäten von Pyromorphiten und Orthiten, denen man auch anderwärts mehr Aufmerksamkeit zuwenden könnte.

Die beigegebene Übersichtskarte der Radioaktivität von Formationen und Gesteinen in Baden-Württemberg beweist, daß für die gesamte Prospektierung ein beträchtlicher Aufwand an Zeit und Kräften eingesetzt wurde. Die kartenmäßige Darstellung der Isoraden (Linien gleicher Geigerzähler-Impulszahlen je Sekunde) zeigt, daß — von den genannten U-Vorkommen abgesehen — die absoluten Aktivitäten und die relativen Aktivitätsunterschiede im Lande Baden-Württemberg recht geringfügig sind.

HUTH

BAUM, H.

Kanada als Metallieferant

Metall, Berlin-Grunewald, Nr. 7, Juli 1957.

Kanada ist ein bedeutender Metallieferant der kapitalistischen Welt. Der Gesamtwert der kanadischen Metallerzeugung stieg von 344 Mill. $ im Jahre 1939 auf 996 Mill. $ im Jahre 1955 an. Der Wert der wichtigsten Nichteisenmetalle (Nickel, Kupfer, Blei, Zink) ist in dem gleichen Zeitraum von 136 Mill. $ auf 619 Mill. $, der Wert der Uranproduktion von Null auf 48 Mill. $ und der Wert der übrigen Metalle von 24 auf 75 Mill. $ angewachsen. Gegenwärtig bemüht man sich, den bisher nur in geringem Umfang erforschten, aber zweifellos an Bodenschätzen reichen hohen Norden, besonders das Gebiet des Yukon und der Nordwestterritorien, für die kanadische Volkswirtschaft nutzbar zu machen.

Der Verfasser des Artikels glaubt annehmen zu können, daß auf Grund dieser Bodenschätze Kanada einen weiteren Aufschwung in der Metallerzeugung erfahren wird.

Nickel

Im Gebiet des Mystery-Moak-Sees (Nordmanitoba) wurde der Ausbau von zwei neuen Nickelminen, die 1960 das erste Nickel liefern werden, in Angriff genommen. Dieses 175-Mill.-$-Projekt wird gemeinsam mit der im Ausbau begriffenen Mine von Sudbury die Nickelerzeugung, die 1955 175000 sh. ts. (sh. ts. = short tonnes = 907,18 kg) betrug, auf etwa 200000 sh. ts. ansteigen lassen. Nach Schätzung des Verfassers wird die gesamte Nickelproduktion der kapitalistischen Welt zu diesem Zeitpunkt voraussichtlich 300000 sh. ts. betragen. Obgleich sich der kanadische Anteil der Nickelproduktion an der gesamten Produktion verringern wird, wird Kanada auch weiterhin der wichtigste und größte Nickelproduzent bleiben.

Uran

Am Ende des zweiten Weltkrieges war die „Eldorado Mining and Refining Ldt." mit ihrer Mine in Port Radium am Großen Bärensee der einzige Erzeuger, dessen Förderung einen Wert von etwa 6 Mill. $ hatte. Drei weitere große Erzeuger, die „Eldorado Beaverlodge", „Pronto" und „Gunnar-Mines", die seitdem hinzugekommen sind, ließen den Wert der Uranerzförderung auf 48 Mill. $ im Jahre 1955 ansteigen. Bis Ende 1958 soll dieser Wert 200 Mill. $, bis 1959 300 Mill. $ erreichen. Diese Entwicklung berechtigt zu der Schlußfolgerung, daß Kanada der wichtigste Uranlieferant für den kapitalistischen Weltmarkt werden wird. Die Suche nach Uran, die Ausbeutung der Lagerstätten wird neben den obengenannten Erzeugern von weiteren 16 Gesellschaften mit einem autorisierten Kapital von je 3—6 Mill. $ vorangetrieben. Allerdings liefert Kanada den Hauptteil seines Urans auf Grund vertraglicher Bindungen bis zum Jahre 1962 an die USA. Wie vom kanadischen Außenminister erklärt wurde, ist Kanada bereits heute in der Lage, auch an andere Länder in geringem Umfang Uran abzugeben.

Aluminium

Obgleich Kanada über keine eigenen Bauxitvorkommen verfügt, nimmt es auf Grund der riesigen Wasserkräfte des Landes in der Aluminiumproduktion des kapitalistischen Marktes den zweiten Platz ein. „Bereits 1955 lag die kanadische Aluminiumproduktion doppelt so hoch wie die Kupfererzeugung und stand wertmäßig an zweiter Stelle hinter der Nickelproduktion". Die „Alcan", die nach dem Kriege über vier Hütten in Quebec mit einer Kapazität von 500000 t Aluminium jährlich verfügte, begann 1951 mit dem Ausbau des Aluminiumwerkes von Kitimat (Brit. Kolumbien), mit dem Ausbau der Erzeugungsanlagen in Quebec und dem Bau der dazugehörigen Kraftwerke. Damit wird sich die Gesamtkapazität nach Beendigung der Bauten im Jahre 1958 auf 881500 t Aluminium erhöhen. Die gesamte Produktion von Hüttenaluminium dieser Konzerne der Aluminium Ltd. betrug 700000 t, davon produzierten die kanadischen Werke allein 620300 t. Während sich der Bedarf Kanadas an Aluminium von 30700 t im Jahre 1946 auf 85700 t im Jahre 1955 erhöhte, stieg im gleichen Zeitraum die Al-Erzeugung von 175000 t auf 551300 t. Man sieht, daß Kanada auf den Export von Aluminium angewiesen ist. Der Verfasser des Artikels rechnet damit, daß Kanada in absehbarer Zeit den Abstand zu den in der Aluminiumproduktion an erster Stelle stehenden Vereinigten Staaten von Amerika stark verringern wird. Die USA führen nur in unbedeutendem Maße Aluminium aus und in steigenden Mengen kanadisches Aluminium ein.

Die übrigen Metalle

Über den Bedarf der eigenen Wirtschaft hinaus produziert Kanada Blei, Zink, Titan, Kupfer und Ilmenit. Die Erzeugung dieser Produkte wird nach Angabe des Verfassers wahrscheinlich weiter gesteigert werden können, wenn die Lagerstättenforschungen, die in den Nordwest-Territorien betrieben werden, Erfolge zeigen sollten. In der Platinproduktion wurde Kanada bereits vor Jahren von der südafrikanischen „Rustenburg Platinum" überholt. Jedoch besteht für Kanada die Möglichkeit eines beschleunigten Aufholens, wenn die neuen Nickelgruben in Manitoba in Förderung kommen.

W.

HARTUNG, F.

Wasser im Atomzeitalter

Abhandlungen und Berichte des Deutschen Museums in München, 25. Jahrgang,1957, Heft 1, Verlag von R. Oldenbourg München und VDJ-Verlag Düsseldorf 1957, 48 Seiten, 33 Abbildungen, 15 × 21 cm, Preis broschiert 2,— DM

Der als Professor für Wasserbau an der Technischen Hochschule in München wirkende Autor gibt in knapper, aber präziser Darstellung einen Überblick über die Bedeutung und Stellung des Wassers im kommenden Zeitalter der Atomtechnik. Er behandelt in diesem Zusammenhang das Wasser als Lebenselement für Mensch, Tier und Pflanze, ferner als Industrierohstoff, Verkehrsträger und Energiespender. Nachdrücklich wird gekennzeichnet, daß auch im Atomzeitalter Wasser und Wasserbau vor mannigfache vitale Aufgaben gestellt sein werden, daß vor allem Wasserbau und Atomtechnik nicht Gegner sind, sondern sich gegenseitig ergänzen werden.

Der bestens ausgestatteten und reich bebilderten instruktiven Broschüre ist weite Verbreitung zu wünschen.

VIEWEG

Nachrichten und Informationen

Die Uranitisierung afrikanischer Lagerstätten

In der Neuauflage der „Geologie und Bodenschätze Afrikas" von E. KRENKEL, Leipzig 1957, berührt der Autor mehrmals die Uranvererzung. Über das Witwatersrand-Konglomerat teilt er u. a. mit:

„Die wahrhaft erstaunliche Menge des Goldes läßt sich nicht aus präjungalgonkischen, irgendwo aufgespeicherten Seifen ableiten. Verbreitung, Verteilung und Eigenart des Goldes, Aushalten in die Tiefe sprechen für Ursprung aus dem Untergrund. Die kräftige Uranitisierung bekräftigt diese Abstammung, die zonar West- und Far West-Rand bereichert" (S. 524).

Über die mittelafrikanische Kupferprovinz, die die Lagerstätten in Katanga und Nordrhodesien umfaßt, darunter die bedeutende Uran-Radium-Lagerstätte Shinkolobwe, berichtet er:

„Aus der Geschichte der Katanga-Geosynklinale während des oberen Jungalkongiums und des anschließenden Paläozoikums lassen sich Hinweise auf die Genesis der Erze gewinnen. Die tiefe Geosynklinale erfuhr nach ihrer marinen Auffüllung mit der Roan-Formation wiederholte Faltungen zu dem Orogen der Katangiden, dies unter Mobilisierung ihrer magmatisch-basischen, kupferholden Unterlage. Mit diesen orogen-magmatischen Akten erfolgte in geeigneten Schichten, vor allem in den Sattelachsen, die erste Mineralisation mit Cu, Co und Au und abschließend die Uranitisierung" (S. 531).

„Die hauptsächlichsten Mineralien sind: Uranpechblende, Kasolit, Dewindtit, Stasit, Soddit, Becquerelit, Schoepit, Shinkolobwit, Curit, Gummit, Parsonsit, Sklodowskit und Torbernit. Mit der radiumhaltigen Pechblende sind verknüpft Blei, Kupfer und Kobalt. Das Uranpecherz bildet den Kern der Erzstufen, die von den derben, grell gefärbten Umsetzungsmineralien umgeben sind. Daneben findet sich Magnetit, Hämatit, Molybdänglanz, Pyrit und Arsenkies. Auch mulmige Manganerze kommen im nahen Nebengestein vor. Die Verknüpfung der Zufuhr der Pechblende und der Kupfer-Kobalt-Lösungen wurde durch Beobachtung bestätigt. Eines der radioaktiven Mineralien, der Torbernit [(PO)^4 (UO)'' Cu, 8 H_2O] ist ein Uranphosphat des Kupfers.

Die Uranitisierung ist eine Nachphase der Durchkupferung der Region aus der Katanga-Geosynklinale" (S. 540).

„Tanganjika: In Pegmatiten des Ulluguru-Gebirges, so bei Morogoro, kommt vielfach Pechblende vor. Am Lukwengule waren bis zu 30 kg schwere Kristalle von Uranpechblende im Pegmatit eingewachsen.

Madagaskar: Uran-Radium-Mineralien, wie Fergusonit, Euxinit und Betafit, kommen in Kalipegmatiten vor oder verwittert als Autunit. Betafit wurde gewonnen bei Ambatofotsy in Blöcken bis zu 100 kg. Der Gehalt ist 17,7—28% U_3O_8." (S. 540).

L.

Wasserwirtschaft und Atomindustrie

Die Vorstände des Deutschen Vereins von Gas- und Wasserfachmännern, des Verbandes der deutschen Gas- und Wasserwerke und der Abwässertechnischen Vereinigung bildeten eine Kommission „Radioaktive Substanzen und Wasser". Im Namen der Vorstände dieser Fachverbände hat der Obmann der Kommission, Dr.-Ing. W. DROBECK, Geschäftsführer der Hamburger Wasserwerke, darauf hingewiesen, daß bei der Entwicklung der Atomindustrie die Gefahren, die der Wasserwirtschaft drohen, nicht übersehen werden dürfen. „Es liegt dem deutschen Wasserfach fern, die technische Entwicklung zu hemmen, andererseits dürfen die sich abzeichnenden Gefahren nicht zu leicht genommen und gar bagatellisiert werden."

Die Kommission veröffentlichte[1]) die folgenden Vorschläge zum Schutze der Wasserwirtschaft:

„1. Grundsätze

1.1 Der Schutz des Menschen vor Schäden durch radioaktive Strahlungen ist die unabdingbare Voraussetzung bei der Nutzung der Kernenergie. Deshalb ist zu fordern, daß durch den Betrieb von Anlagen, in denen radioaktive Strahlungen oder radioaktive Abfallstoffe entstehen können, die Wasserversorgung und Abwasserwirtschaft nicht gefährdet werden. Schon bei der Bearbeitung von Anträgen für derartige Anlagen müssen die zuständigen Wasserfachleute der möglicherweise betroffenen Unternehmen der Wasserversorgungs- und Abwasserwirtschaft rechtzeitig beteiligt werden.

1.2 Jede Erhöhung der Radioaktivität über die natürlichen Werte hinaus ist im Prinzip bedenklich, wenn nicht gar gefährlich. Die Festsetzung der zulässigen Werte der Radioaktivität im Wasser muß daher mit besonderer Sorgfalt erfolgen.

1.3 In oberirdischen Gewässern oder im Grundwasser wird die Einrichtung von sogenannten „Opferstrecken", in denen eine höhere Radioaktivität zugelassen wurde, im Hinblick auf die Besiedlungsdichte der Bundesrepublik abgelehnt.

2. Schädlichkeit radioaktiver Strahlungen und Grenzwerte für den Gehalt radioaktiver Isotope im Wasser

2.1 Da eine Entfernung radioaktiver Verunreinigungen aus dem Wasser durch die Wasserwerke nicht möglich ist, darf der Gehalt an radioaktiven Stoffen in den Gewässern die für das Trinkwasser zulässigen Werte nicht überschreiten.

2.2 Für das Trinkwasser sollen die von der Internationalen Kommission für Strahlenschutz empfohlenen Grenzwerte für die zulässige Radioaktivität trotz der Unsicherheit, die diesen Werten noch anhaftet, und trotz der Bedenken, die hiergegen erhoben werden, vorläufig für verbindlich erklärt werden. Dabei ist die von dieser Kommission neuerdings für die Gesamtbevölkerung und im Hinblick auf genetische Schäden erwogene Herabsetzung der Grenzwerte zu berücksichtigen.

2.3 Werden in ein Gewässer an mehreren Stellen radioaktive Stoffe eingeleitet, so muß sichergestellt sein, daß an keiner Stelle des Gewässers die zulässigen Werte der Radioaktivität überschritten werden.

3. Standortwahl

3.1 Die Wahl des Standorts von Reaktoranlagen und Anlagen zur Aufbereitung von Kernbrennstoffen ist für den Schutz der Wasserversorgung von entscheidender Bedeutung. Bei der Standortwahl sind deshalb alle Beeinträchtigungs-

[1]) „Bergbau-Rundschau" Nr. 10, 1957, S. 545—546.

möglichkeiten von ober- und unterirdischen Gewässern zu berücksichtigen.

3.2 Bei der Wahl eines Standorts sind a. u. zu berücksichtigen:
Art und Betriebsweise der geplanten Atomanlage sowie Menge und Zusammensetzung der radioaktiven Abfälle,
Verfahren, Platzbedarf und Reststoffe der möglichen Abfallbeseitigung.

3.3 Dabei ist auch zu untersuchen, welche Gefahren dem Wasser bei Unregelmäßigkeiten im Betrieb der Anlagen drohen und welche Maßnahmen dagegen vorzusehen sind.

3.4 Vor der Entscheidung über einen Standort sind wasserwirtschaftliche Gutachten neutraler Stellen u. a. über folgende Verhältnisse anzufordern:
Grund- und Oberflächenwasservorkommen und ihr hydrologisches Verhalten,
bestehende und in Aussicht genommene Nutzungen der Wasservorkommen,
bisherige Wasserbeschaffenheit und deren mögliche Beeinträchtigung durch die geplante Anlage.

3.5 Vor dem Bau einer Atomanlage muß über einen längeren Zeitabschnitt eine vollständige Bestandsaufnahme der natürlichen Radioaktivität der benachbarten Wasservorkommen, z. B. durch Errichtung von Probebrunnen für die Überwachung des Grundwassers, erfolgen.

3.6 Grundsätzlich sind bei der Standortwahl auch die Möglichkeiten des Entstehens radioaktiver Abgase und ihre Einwirkung auf Gewässer zu untersuchen.

4. Schutzmaßnahmen.

Im Interesse der Wasserversorgung und Abwasserbeseitigung müssen die im Atomgesetz vorgesehenen Strahlenschutzverordnungen insbesondere folgendes festsetzen:

4.1 Jeder Reaktor muß so gebaut und abgeschirmt sein, daß während des Betriebes oder Stillstandes das Herausdringen radioaktiver Stoffe in die Luft, in den Boden und in Grund- oder Oberflächengewässer so weit vermieden wird, daß auch in der nächsten Umgebung des Standorts die Strahlungsintensität die von der Internationalen Strahlenschutzkommission festgesetzten Werte nicht überschreitet.

4.11 Radioaktive Stoffe dürfen zu keiner Zeit unkontrolliert in den Kreislauf des Wassers eindringen können.

4.12 In das Grundwasser dürfen radioaktive Betriebsabwässer — auch wenn ihr Aktivitätsgrad nur gering ist — wegen der Unmöglichkeit einer ausreichenden Überwachung nicht eingeleitet werden.

4.13 Neutronenbestrahlung des Grundwassers muß unmöglich gemacht werden.

4.14 Eine ständige Kontrolle der Radioaktivität von Wasser, Boden und Luft durch quantitative und qualitative Messungen in entsprechendem, je nach der Art und Größe des Reaktors bzw. je nach dem Umfang der Betriebsstätte festzusetzendem Umkreis, ist seitens der Behörde vorzuschreiben und zu überwachen. Die hierzu notwendigen vorbereitenden Maßnahmen, wie Probebrunnen und Entnahmestellen in Gewässern, sind einzurichten und instand zu halten.

4.15 Alle Sicherungen gegen ein Durchgehen des Reaktors müssen getroffen werden. Trotzdem müssen besondere Vorsichtsmaßnahmen auch für einen Katastrophenfall vorgesehen werden.

4.2 Alle radioaktiven Abwässer müssen auf dem Gelände der Anlage so aufbereitet oder in entsprechend gesicherten Behältern so lange gespeichert werden, bis ihre Radioaktivität so weit abgeklungen ist, daß sie in unschädlicher Dosierung ohne Gefahr für die Wasserversorgung abgegeben werden können.

4.21 Bei der Einleitung behandelter radioaktiver Abwässer in ein oberirdisches Gewässer muß eine möglichst schnelle und vollständige Vermischung herbeigeführt werden. Im Vorfluter müssen die für Trinkwasser festgesetzten Grenzwerte eingehalten werden.

4.22 Maßnahmen gegen ein Schadhaftwerden von Anlageteilen, Behältern und Leitungen müssen unter ständiger Kontrolle durch verantwortliche Personen getroffen werden.

4.23 Alle Becken zur Speicherung der flüssigen radioaktiven Abfälle dürfen keinen unmittelbaren Ablauf in die Kanalisation oder in ein Gewässer haben. Die Entleerung darf nur mittels Pumpen erfolgen. Über die Entstehung und den Verbleib radioaktiver Reststoffe sowie deren Abgabe und die Ergebnisse von Kontrolluntersuchungen ist Buch zu führen.

4.24 Dies gilt sinngemäß auch für alle anderen radioaktiven Abfallstoffe des Reaktorbetriebes und die radioaktiven Reststoffe aus der Wasseraufbereitung. Anlagen zur restlosen Beseitigung der festen Rückstände der Abwasserbehandlung sind als Teil der Abwasserbehandlung aufzufassen.

4.25 Bei allen Anlagen, in denen mit radioaktiven Stoffen gearbeitet wird, sind die nicht radioaktiven Abwässer grundsätzlich von den flüssigen radioaktiven Abfällen getrennt zu halten.

4.3 Radioaktive Stoffe müssen auf dem Gelände der Anlage so befördert und gelagert werden, daß dabei Wasser, Boden oder Luft nicht radioaktiv werden können. Insbesondere müssen Materialverluste wegen der damit verbundenen erhöhten Verseuchungsgefahr ausgeschlossen sein. Hierfür sind entsprechende Schutzmaßnahmen vorzuschreiben.

4.4 Den im Einflußbereich einer Atomanlage gelegenen Wasserversorgungsunternehmen muß das Recht zugestanden werden, von dem Betreiber einer Atomanlage Untersuchungen und Abhilfemaßnahmen zu verlangen, wenn das von ihnen genutzte Wasser durch Abwasser oder sonstige Abfallstoffe aus der Anlage in seiner Beschaffenheit bedroht oder beeinträchtigt wird.

4.5 Diese Forderungen gelten auch für alle den Anlagen angeschlossenen Nebenbetriebe, die radioaktive Stoffe verarbeiten oder Abfallprodukte aufarbeiten. Sie gelten auch für von der Anlage getrennt arbeitende Fabrikationsstätten für radioaktive Stoffe. Entsprechende Vorschriften sind ferner für die Anwendung von Radioisotopen für naturwissenschaftliche, technische und medizinische Zwecke sowie für die Beförderung radioaktiver Stoffe zu erlassen.

5. Zusammenarbeit zwischen Wasserwirtschaft und Atomwirtschaft

5.1 In allen Gremien, die sich mit der Nutzung der Kernenergie und dem Schutz gegen ihre Gefahren beschäftigen, müssen Vertreter der Wasser- und Abwasserunternehmungen Sitz und Stimme haben.

5.2 Die Wasserversorgungs- und Abwasserunternehmen sind bereit, bei der Vorbereitung und Durchführung von Messungen, Untersuchungen und Überwachungen mitzuwirken."

Es wäre begrüßenswert, wenn sich auch die Hydrogeologen unserer Republik zu diesem wichtigen Problem äußern würden.

E.

Uranblütezeit im Abklingen?

Der wirtschaftlichen Rundschau der Zeitschrift „Erzmetall" H. 10/1957 entnehmen wir einige interessante Bemerkungen zur Vorratslage an Uran und den Perspektiven des Uranbergbaus und der Uranproduktion in der kapitalistischen Welt.

Seit Ende des 2. Weltkrieges und mit Beginn des Atomzeitalters setzte überall in der Welt eine fieberhafte Suche nach Uranerzvorkommen ein. Nach Ansicht kapitalistischer Kreise scheint nun der Zeitpunkt gekommen zu sein, der eine weitere Prospektion und die Erschließung neuer Vorkommen zu einem riskanten Geschäft werden lassen könnte. Man hat den künftigen Bedarf für Zwecke der Energieerzeugung offenbar überschätzt. Die bekannten Uranerzvorräte in der Welt dürften nach dem letzten Stand kapitalistischer Erkenntnis ausreichend sein, den zu erwartenden Bedarf für lange Zeit sicherzustellen. Begründet wird das vor allem damit, daß die bekannten Erzreserven der westlichen Welt eine bedeutende Erweiterung erfahren haben. L. G. PAINE gibt im „The Mining Journal", Annual Review 1957, S. 51, dazu folgende Übersicht über die Uranproduktion und die Uranerzvorräte:

Land	Uranproduktion in t			Uranerzvorräte		
	1956	U_3O_8 1957 geschätzt	Voraussichtl. Endstand	Erz Mio t	Ø-Gehalt lb U_3O_8/t	Metallinhalt i. 1000 t
Südafrika	4400	5000	6000	1100	0,6	300
Kanada	3300	14000	14000	225	2,0	200
USA	6000	8000	12000	60	5,0	125
Belg.-Kongo	1000	–	–	unbek.	–	–
Australien	1000	–	–	,,	–	–
Frankreich	–	440	–	,,	–	–

Neben den in der Zahlentafel aufgeführten Ländern sind als Uranerzeuger auch Portugal, die lateinamerikanischen

Länder sowie Rhodesien zu erwähnen. Frankreich verfügt auf Madagaskar über Uranerzvorkommen, die nicht weniger als 90—180 kg U_3O_8 enthalten sollen. Auch Schweden verfügt nach neueren Berichten über beträchtliche Vorkommen.

Die ersten Anzeichen für ein Abflauen des Uran-Booms werden in westdeutschen Wirtschaftskreisen darin gesehen, daß die amerikanische Atombehörde den 1956 auf 8 $ je lb herabgesetzten Preis für Uranoxyd zwischen 1962 und 1966 unverändert halten wird. Über die Preisentwicklung werden nur sehr lückenhafte Angaben gemacht, da es keinen freien Markt für dieses Metall gibt. Die Gewinne schwanken offenbar von Grube zu Grube erheblich. Die Erzeugungskosten je kg U_3O_8 dürften bei 2 £ liegen. Angesichts der heute vorliegenden latenten Überproduktion wird angenommen, daß der Uranpreis nach 1960 fallen und damit für die kapitalistischen Unternehmer der Gewinn geringer werden wird.

Die Uranindustrie in den kapitalistischen Ländern entwickelt sich ähnlich wie die der anderen Metalle. Vielen Vorkommen hochprozentiger Erze stehen solche mit geringeren Gehalten gegenüber, und die Stockpile-Käufe der Regierungen, besonders der amerikanischen Regierung, bilden bisher einen ausschlaggebenden Faktor. Es ist anzunehmen, daß noch bis etwa 1965 ein Überschuß an Uran weiter in die Stockpiles wandern wird. Jedoch ist auf jeden Fall mit einem Absinken der Preise zu rechnen. Bei dem dann sich verschärfenden Konkurrenzkampf werden eine Reihe von Erzeugern, die heute noch hohe Gewinne einstecken, abtreten müssen. Die mit dem Fortschreiten der Technik einzuführenden Verbesserungen im Gewinnungsprozeß werden allerdings auch die Gestehungskosten senken. Auf der anderen Seite ist anzunehmen, daß der weitere Aufbau von Atomkraftwerken einem erhöhten Verbrauch zugute kommt.

Alles hängt offenbar von der Entwicklung der Energieerzeugung aus spaltbarem Material ab. Je schneller diese anläuft, um so weniger wird die sich gegenwärtig anbahnende Phase einer Überproduktion an spaltbarem Material von der Uranindustrie empfunden werden.

Die hier dargestellten Sorgen vieler kapitalistischer Uranindustrieller brauchten sicherlich nicht zu bestehen, wenn die Regierungen der kapitalistischen Länder, vor allem aber die USA, endlich das atomare Wettrüsten einstellen würden und die in die Atomrüstung gesteckten Gelder zur weiteren Entwicklung der friedlichen Anwendung und Ausnutzung der produzierten Kernspaltstoffe geben würden. — ch —

Uranvorkommen in Bayern

In Bayern befaßt man sich schon seit einigen Jahren mit der bergmännischen Erschließung von bereits bekannten Uranvorkommen. Durch systematische Prospektion sind in letzter Zeit neue, noch nicht bekannte Vorkommen sowie zahlreiche Uranfundpunkte festgestellt worden. In der Zeitschrift „die Atomwirtschaft“ 6/1957 bringt H. ZIEHR (Schwandorf) eine Zusammenfassung der bisherigen Ergebnisse.

Unter den bisher in Bayern festgestellten Uranlagerstätten sind vier, die bergmännisch untersucht werden.

Es handelt sich um

1. die uranpecherzhaltigen Flußspatgänge von Wölsendorf,
2. die uranführenden Granite von Weißenstadt und Leupoldsdorf/Fichtelgebirge,
3. die uranglimmerführenden Granite von Flossenburg im Oberpfälzer Wald und
4. das uranhaltige Braunkohlentertiär von Wackersdorf i. d. Oberpfalz.

Die einzelnen Lagerstätten sollen kurz charakterisiert werden:

1. Wölsendorf

In den Flußspatgruben von Wölsendorf i. d. Oberpfalz wurde bereits um 1800 der erste Uranglimmer und 1804 erstmalig Pechblende gefunden. In Zusammenarbeit mit der Bayrischen Braunkohlen-Industrie AG, Schwandorf, wurden seit Sommer 1954 diese Vorkommen lagerstättenkundlich untersucht. Es handelt sich um die einzigen Lagerstätten in Bayern, in denen Uranpecherz in abbauwürdigen Mengen vorkommt.

Als Hauptmineralien kommen auf der Lagerstätte Flußspat, Quarz und Schwerspat sowie Karbonate vor, untergeordnet Uranpechblende und sekundäre Uranmineralien. Silber und Wismut-Mineralien fehlen.

In 5 der ca. 30 abbauwürdigen Flußspatgänge tritt Uran auf, z. T. bis zu einer Teufe von 180 m.

Die schwarz-graue, kugelig-schalige Pechblende kommt in Reicherzzonen innerhalb der CaF_2-Gänge vor, und zwar besonders an der Grenze Flußspat-Nebengestein. Die Durchschnittsgehalte betragen 2000—6000 g U/t. Das Nebengestein ist roter Granit und Gneis.

Die Gewinnung der Uranerze aus dem Flußspat bereitet gewisse Schwierigkeiten, da ein gesonderter Abbau unter Tage infolge der Flußspatgewinnung nicht erfolgen kann. Die Uranerze müßten daher über Tage durch mechanische Trennung bzw. durch Handklaubung vom Flußspat getrennt werden.

2. Weißenstadt, Leupoldsdorf

Im Jahre 1949 stieß man im Fichtelgebirge in einem im 2. Weltkrieg begonnenen Zinnerz-Erkundungsbetrieb auf Uranglimmer. Man untersuchte die weitere Verbreitung, und so entwickelte sich am Rulfstein b./Weißenstadt ein ausgedehnter Versuchsbergbau auf Uran. Es handelt sich hierbei um das bisher einzige Uranbergwerk der Bundesrepublik, das für den Abbau vorgerichtet ist.

Uran tritt hier als Torbernit und Autunit auf Klüften in Greisenzonen des Granits auf. Die Genese der Lagerstätte ist pneumatolytisch-hydrothermal. Neben Wolframit und Zinnstein sowie Uranpechblende treten noch Spuren von Kupferkies, Arsenkies und Flußspat im Granit auf. Bisher konnten mehrere uranführende Greisenzüge bis zu einer Tiefe von 200 m nachgewiesen werden. Die Gehalte sollen etwa 650 g U/t betragen.

3. Flossenburg

Hier liegt ein 60 qkm großer Granitkörper vor, der vorwiegend Uranglimmer, und zwar Autunit führt. Einzelne Schlitzproben erbrachten Gehalte von 250—550 g U/t. Es ist vorgesehen, in diesem Raum Bohrungen und bergmännische Arbeiten vorzunehmen, um Aussagen über die Wirtschaftlichkeit des Vorkommens machen zu können. Chemische Laugversuche mit autunitführendem Granit ergaben, daß sich das Uran, ähnlich wie bei Weißenstadt, nahezu vollständig herauslösen läßt, so daß aufbereitungsmäßig keine zu großen Schwierigkeiten bestehen.

4. Wackersdorf

Das uranhaltige Braunkohlentertiär von Wackersdorf liegt etwa 8 km südlich von Wölsendorf. Die Uranführung

Uranerzvorkommen und -fundpunkte in Ostbayern (nach ZIEHR)

wurde dort im Frühjahr 1955 entdeckt. Das Uran ist auf die tonigen Kohlepartien an den Beckenrändern und im Liegenden der Kohlenmulden beschränkt. Die eigentliche Braunkohle ist uranfrei. Ähnlich wie in den uranhaltigen Ligniten Süd-Dakotas (USA) ist das Uran in der Kohle von Wackersdorf makro- und mikroskopisch nicht erkennbar, es ist adsorptiv an tonige Kohle, sandige Tone und z. T. reine Tone gebunden. Es liegen 0,2—7 m mächtige Uranhorizonte vor. Die Gehalte schwanken zwischen 50 und 4500 g U/t. Die erste Vorratsberechnung ergab abbauwürdige Feldesteile von rund 100000 t tonig-sandiger Kohle mit durchschnittlich 350 g U/t. Daneben sind noch einige 100000 t uranhaltige Sande und Tone bekannt, die Urangehalte unter 100 g/t zeigen und nicht bauwürdig erscheinen. Der Abbau der uranführenden Braunkohle ist im Tagebau möglich. Die Weiterverarbeitung der uranhaltigen Kohle erfolgt über den Weg der Verbrennung. In der Asche findet eine Anreicherung von Uran bis zu durchschnittlich 700 g/t statt. Durch saures Laugen kann Uran aus der Asche gewonnen werden.

Neben diesen 4 bekannten Urangebieten versuchte man durch Prospektion im Gebiet der Bundesrepublik neue Urangebiete zu finden. So wurden 1957 die Sedimente der Oberpfalz und Nordbayerns untersucht, jedoch konnten bisher keine abbauwürdigen Lagerstätten nachgewiesen werden. Lediglich übernormale Urankonzentrationen in verschiedenen alten Sedimentgesteinen lassen noch einige bisher nicht bekannte Lagerstätten erwarten.

Inwieweit sich überhaupt ein wirtschaftlicher Abbau der bayrischen Uranvorkommen sowie aller anderen, in der Bundesrepublik bisher erkundeten Uranlagerstätten — die von einigen Bearbeitern, vor allem hinsichtlich der Gehalte, wohl reichlich optimistisch beurteilt werden — vertreten läßt, ist auch vermutlich unter den kapitalistischen Kreisen der Bundesrepublik noch unklar. Auf jeden Fall dürfte im Zusammenhang mit der in der westlichen Welt sowohl in Kanada als auch in anderen Uranproduzentenländern vertretenen Ansicht vom Abklingen des Uranbooms vorerst in der Bundesrepublik keine Produktion an U_3O_8 zu erwarten sein. —Ul—

Uranschürfe in Franken

Im Sommer 1957 wurden im fränkischen Raum um Erlangen Prospektionsarbeiten auf Uranerze durchgeführt. Die Arbeiten wurden, wie im Bayrischen Wald, von der Bayrischen Braunkohlenindustrie Schwandorf AG übernommen. Das Gebiet ist erst neuerdings interessant geworden, da sich der Buntsandstein — die am weitesten verbreitete geologische Formation Süddeutschlands — in Hessen als uranführend erwiesen hat. In dieser Formation erwartet man Lagerstätten, die erhebliche Ähnlichkeit mit den nordamerikanischen Uranlagerstätten des Colorado-Plateaus haben. Ergebnisse der Prospektion liegen noch nicht vor. — ch —

Uranfunde an der Saar

Neuere Untersuchungsergebnisse des Geologischen Landesamtes in Mainz ergaben im Gebiet von Birkenfeld—Ellweiler eine an Quarzporphyre geknüpfte Uranvererzung. Einzelne Proben wiesen Gehalte bis zu 1350 g Uran/t auf. Die Untersuchungsarbeiten werden jetzt durch Bohrungen fortgesetzt. Im Gegensatz zu den Vorkommen im Fichtelgebirge liegen die des Saargrenzgürtels ziemlich oberflächennah. Angeregt durch den Erfolg der Mainzer Geologen, haben jetzt auch Geologen der saarländischen Landesanstalt in Saarbrücken im Gebiet des St. Wendeler Beckens bis nach Schmelz in den dortigen Quarzporphyren die Prospektion begonnen. — ul —

Plutonium/Frankreich

Frankreich hat das chemische Extraktionswerk zur Gewinnung von Plutonium im Atomenergiezentrum Marcoule in Betrieb genommen. Das französische Atomenergiekommissariat erklärte dazu, daß nach einem vorläufigen Versuchsbetrieb die volle Produktion aufgenommen wird. Damit könne sich Frankreich zu den „echten Produzenten" von Plutonium zählen. Aus früheren Verlautbarungen geht hervor, daß sich Frankreichs Gewinnung an Plutonium bis zum Ende des Jahres 1959 auf etwa 100 kg jährlich belaufen dürfte.

Uran-Produktion Südafrikas*

Etwa vor reichlich einem Jahr wurden die bis dahin strengen Bestimmungen bezüglich der Veröffentlichung von Produktionszahlen, Gehalte und Vorräte erheblich gemildert, so daß man aus Veröffentlichungen der einzelnen Unternehmen einige interessante Zahlen erfuhr. H.v. Bredow (Sasolburg/O. F. S. Südafrika), der wiederholt in der Zeitschrift „Erzmetall" aus der südafrikanischen Gold- und Uran-Industrie berichtete, gibt neuerdings folgende Produktionszahlen des gesamten Gebietes:

Quartal	Jahr	Produktion an U_3O_8 in	
		1000 lbs	1000 kg
III	1955	1801	816
IV	1955	1963	889
I	1956	2048	928
II	1956	2114	958
III	1956	2183	989
IV	1956	2380	1078
I	1957	2646	1199

Die vorhandenen Erzvorräte werden von der Regierung auf 1100 Mio sh.t mit einem Durchschnittsgehalt von 335 g/t Uranoxyd geschätzt, wobei in einzelnen Gruben der Gehalt zwischen 1100 und 88,5 g/t liegt. Die höchsten Gehalte werden von den Gruben am Westrand Luipaards-Vlei, Westrand Cons. und Randfontain gemeldet. Nach Ansicht der Fachleute hat Südafrika, auch nach Auffinden weiterer großer Uranerzlagerstätten in anderen kapitalistischen Ländern, gute Aussichten, einer der wichtigsten, vielleicht in Zukunft der wichtigste Uranproduzent zu sein, weil als „Nebenprodukt des Goldes" die Gestehungskosten sehr niedrig liegen. — ul —

*) Vgl. Zeitschr. f. angew. Geologie Bd 3, 1957, H. 7, S. 343

Pyrochlor in Nord-Nigeria

The Mining Magazine 1952, S. 323—324

Seit längerem ist bekannt, daß in Nord-Nigeria uranführende Pyrochlore in jüngeren Graniten auftreten. Die Gesteine enthalten etwa 120 g Uranoxyd und 2600 g Nioboxyd pro t. Das Vorkommen liegt in der Südostecke der Kano-Provinz, etwa 20 Meilen von der Bautschi-Eisenbahn (von Jos nach Zaria) und 60 Meilen Luftlinie von dem Josplateau, dem Zentrum der nigerischen Zinnsteingewinnung, entfernt. Es wurden über 300 Muster gezogen und in England untersucht. Es konnte festgestellt werden, daß auf etwa 200 acres der Untergrund von pyrochlorhaltigem Granit nach radiometrischer Messung im Durchschnitt 0,028% Uranoxyd und außerdem gegen 0,26% Niob enthält. Nach Korrigierung dieser Ergebnisse durch chemische Analysen ergab sich ein Gehalt von 0,012% U_3O_8. Weitere Versuche, durch Aufbereitung den Pyrochlor aus dem Granit zu gewinnen und nachher Niob und Uran zu trennen, sollen durchgeführt werden. E.

Union Minière de Haut-Katanga

Die Wirtschaftskrise hat auch die Kupferproduktion im Kongo ergriffen. Die Union Minière de Haut-Katanga hat daher einen erheblichen Teil ihrer Erweiterungspläne aufgegeben.

Sie hatte im Jahre 1957 insgesamt 240200 t Kupfer gewonnen gegen 247452 t im Jahre 1956. Wie aus dem Bericht der Socièté Gènerale de Belgique für das Jahr 1957 hervorgeht, würde die Kapazität der Anlagen eine Kupferproduktion von 260000 t ermöglicht haben. Die Gesellschaft habe sich jedoch gezwungen gesehen, ihre Produktion den tatsächlichen Verkaufsmöglichkeiten anzupassen. Die Produktion an Silber, Uran, Radium, Kadmium, Germanium und an Zinkkonzentraten hielt sich auf Vorjahrshöhe. Vor allem entwickelt sich der Markt in Germanium von Jahr zu Jahr weiter. L.

Kanadische Uranvorräte und Absatznöte

Einem Bericht der Neuen Zürcher Zeitung aus Ottawa (13. 2. 58) entnehmen wir:

„Die kanadischen Uranvorräte des Blind-River-Gebietes im Norden der Provinz Ontario, in dem sich 11 der insgesamt 18 staatlich autorisierten Uranminen befinden, wurden kürzlich mit 320 Mill. t angegeben. Die Lagerstätten haben einen Gehalt an Uranoxyd von 380000 t oder 2,38 lb. per t Uranerz. Diese neuesten Angaben der Eldorado Mining and Refining Co., der staatlichen Ankauforganisation für Uran, liegen wesentlich höher als die vor einiger Zeit gegebenen Zahlen von 225 Mill. t Uranerz mit 237000 t Uranoxyd. Die 18 kanadischen Uranproduzenten, die im Rahmen der bis März 1963 laufenden staatlichen Sonderpreiskontrakte Uranoxyd im Wert von 1,6 Mrd. $ liefern werden, verfügen über eine Kapazität von 43000 t Uranerz pro Tag. Im Vergleich zu diesen kanadischen Angaben haben die Vereinigten Staaten, bisher die Hauptabnehmer für kanadisches Uran, eigene Erzvorräte von 70 Mill. t mit einem Uranoxydgehalt von 5 lb. per t. Die 14 in Produktion befindlichen amerikanischen Uranbergwerke erzeugen zur Zeit 10000 t Uranoxyd jährlich, verglichen mit der kanadischen Produktion von rund 6500 t, die sich aber 1958 noch weiter steigern wird.

Die Suche nach neuen Uranlagern in Kanada ist völlig zum Stillstand gekommen. Außerdem wird immer klarer, daß trotz bereits vereinbarter Uranlieferungen an Großbritannien und sich anbahnender Urankäufe der Schweiz, Westdeutschlands und eventuell auch Japans (die alle ausschließlich Friedenszwecken dienen sollen) diese Uranmengen keineswegs ausreichen werden, um das nachlassende Kaufinteresse der Amerikaner aufzuwiegen. Von 1963 bis zu dem Zeitpunkt, wo durch die Einführung von Atomkraftwerken der Weltbedarf an Uran wesentlich ansteigen würde, war mit einer kritischen Periode für die Uranindustrie Kanadas bereits seit langem gerechnet worden. Ein neuer Faktor, der nunmehr auch die fernere Zukunft der kanadischen Uranindustrie in einem düsteren Licht erscheinen läßt, sind aber die Ankündigungen aus Großbritannien, daß es dort den Wissenschaftlern in einiger Zeit gelingen werde, das Wasserstoffatom für die Energiegewinnung zu verwenden. Im Augenblick liegt für den kanadischen Uranbergbau die größte Zukunftshoffnung noch darin, daß die Amerikaner — wenn auch zunächst nur für ihr eigenes Land — eine gute ausgebaute Uranindustrie wünschen, die im Bedarfsfalle rasch expandiert werden könnte. Dieser Trost ändert allerdings nichts an der Tatsache, daß Uran, vor wenigen Jahren noch ein Rohstoff, nach dem die Großmächte gierten, recht bald doch zu einem ‚überlebten' Metall werden könnte."

Obwohl man sich der obigen Schlußfolgerung nicht uneingeschränkt anschließen kann, wollten wir sie doch als Stimmungsbild aus dem größten Uranerz produzierenden Land der westlichen Hemisphäre unseren Lesern nicht vorenthalten. L.

Monazit in Australien

Die australische Gewinnung an Monazit, bis heute noch ein Beiprodukt bei der Produktion von Rutil, stellte sich in den letzten Jahren auf rd. 100—150 t jährlich. Außer einer verhältnismäßig kleinen Menge, die im Inland verwandt wurde, exportierten die Produzenten den größten Teil des Monazits nach Großbritannien oder nach den Vereinigten Staaten. Seit dem Ausfuhrverbot für Monazit kauft die australische Atomenergiekommission alle verfügbaren Mengen auf, die einer strategischen Reserve zugeführt werden, um den Bedarf an Thorium, das im Monazit enthalten ist, in naher Zukunft decken zu können. Die Ilmenitvorkommen in Westaustralien enthalten einen kleinen Prozentsatz an Monazit. Die Western-Titanium, der größte Produzent von Ilmenit in Australien, errichtet daher ein Werk in Westaustralien, in dem Monazit als Nebenprodukt aufbereitet werden soll. Mit der Inbetriebnahme der neuen Anlage ist in Kürze zu rechnen. Andere Ilmenitproduzenten in Westaustralien wollen Projekte zur Gewinnung von Monazit in Angriff nehmen. E.

Reicherzvorkommen von Pechblende

Auf der Grube Elsharana in Nordaustralien wurden in etwa 20 m Tiefe zwei der größten bisher bekannten Blöcke reiner Pechblende gewonnen. Das Gewicht jedes Blockes beträgt ca. 1 Tonne, die Gehalte an U_3O_8 betragen durchschnittlich 83%. Damit erreichen diese Reicherzpartien nahezu die größten bisher bekanntgewordenen reinen Erzblöcke, die zu Beginn des Uranerzbergbaus in Shinkolobwe gewonnen wurden. — ch —

Gewinnung von Nebenprodukten der Uranerzaufbereitung am Blind River

Die Uranbergbaugesellschaften des Blind-River-Bezirks, „Algom Uranium Mines Ltd.", „Morthspan Uranium Ltd." und „Milliken Lake Uranium Mines Ltd.", die vom Rio Tinto-Konzern kontrolliert werden, sind an der neugegründeten „Rio Tinto-Dow Ltd." beteiligt, die sich insbesondere der Verwertung von Nebenprodukten wie Thor ect., die bei der Uranaufbereitung anfallen, widmen will.

Es ist zu vermuten, daß der Dow-Chemiekonzern als größter Hersteller billigen Magnesiums eine Magnesium-Thor-Legierung zu produzieren beabsichtigt, die sich für die Verwendung bei der Herstellung von Flugzeugen mit besonders hohen Geschwindigkeiten eignet.

Weiterhin wird sich die neue Gesellschaft voraussichtlich mit der Forschung für neue Verwendungsmöglichkeiten von Seltenen Erden befassen, die ebenfalls in den Erzen des Blind-River-Bezirks anfallen, darunter Lanthan, das in der pharmazeutischen Industrie Verwendung findet, sowie Yttrium und Cerium. E.

Europäische Atomenergie-Agentur

Am 1. 2. 1958 wurde vom Europäischen Wirtschaftsrat die Europäische Atomenergie-Agentur gegründet, deren Ziel es sein soll, auf dem Atomgebiet die günstigsten Voraussetzungen für eine möglichst starke Entfaltung der kapitalistischen Privatinitiative zur Auswertung der Atomenergie für friedliche Zwecke zu schaffen. Diese neue Agentur soll im Gegensatz zu der CERN (Europäische Organisation für Kernforschung), der 16 OEEC-Staaten und Jugoslawien angehören, neben der Forschungstätigkeit auch praktische Arbeiten ausführen. Zu diesem Zweck wird in Mol (Belgien) die Errichtung der ersten europäischen Gemeinschaftsanlage zur Aufbereitung spaltbaren Materials geplant. Sie wird voraussichtlich 1961 den Betrieb aufnehmen und jährlich 100 t angereichertes Uran verarbeiten. Der Betrieb der Anlage soll durch die für den Herbst 1958 vorgesehene Gründung der „Eurochemic-Company" erfolgen, an der die Bundesrepublik, Frankreich, Italien, Belgien, Schweden, Holland, die Schweiz, Dänemark, Österreich, Norwegen, die Türkei und Portugal beteiligt sein werden. Ein Studiumssyndikat, zu dessen Präsidenten Dr. ERICH POHLAND vom Bundesministerium für Atomfragen ernannt wurde, soll die Errichtung der Anlage in Mol vorbereiten. Es wird angestrebt, zusätzliche Atomenergie für die Länder, die als Energiequellen vorwiegend Wasserkräfte oder Kohle auswerten, zu schaffen. E.

In den nächsten Heften

der

Zeitschrift für angewandte Geologie

erscheinen u. a. folgende Beiträge:

J. I. Bokserman: Verflüssigung von Erdgas

R. Straubel: Versuche zur seismischen Orientierung von Grubenbauen

M. Volk: Die oberdevonischen Wetzschiefer von Steinach in Thür. und ihre industrielle Bedeutung

H. Reh: Über die neuen Nickelvorkommen in Manitoba, Kanada

K. Steinike: Quantitativ-mineralogische Untersuchungen an der Roteisenerzlagerstätte Pörmitz bei Schleiz in Thür.

M. Kraft: Erzmikroskopische Untersuchungen über die Aufbereitbarkeit von mylonitischem Gangmaterial am Beispiel des Silberfund-Stehenden, Revier Brand südlich Freiberg

L. W. Gromow: Die wichtigsten Strukturtypen der Gangerzfelder

I. O. Brod: Geologische Voraussetzungen für das Aufsuchen neuer Öl- und Gasgebiete in der UdSSR

H. J. Rogge & O. Miehlke: Zu den jüngsten Küstenrückgängen bei Kühlungsborn und Graal-Müritz/Neuhaus

E. Lange: Die Sedimentärbecken Afrikas

R. Köhler: Aus dem Erdbaulaboratorium der Staatlichen Geologischen Kommission

G. Chryploff: Zur Paläogeographie der Unterkreide Deutschlands und zur Wanderung (Migration) der Meeresfauna

O. Oelsner: Gedanken zur Aufstellung einer Erzvorratsklassifikation

W. Jung: Zur stratigraphischen Stellung des Sangerhäuser Anhydrites (Zechstein 2)

W. & R. Remy: Über die Möglichkeit der Flözparallelisierung im Plötz-Löbejüner Raum

I. O. Brod: Das Problem der Bildung von Öl- und Gasakkumulationen unter dem Aspekt der Theorie der Erdölmuttergesteine

G. A. Amossow & N. B. Wassojewitsch: Über Methoden zur Bestimmung der Temperatur, bei der die Erdölbildung erfolgt

J. Klengel: Laboruntersuchungen zur Feststellung der Frostveränderlichkeit von Locker- und Felsgesteinen

S. A. Juschko: Die Methodik der Ausführung spezieller chemischer Reaktionen

Instruktion zur Anwendung der „Klassifikation der Lagerstättenvorräte fester mineralischer Rohstoffe" auf Flußspat- und Schwerspatlagerstätten der DDR

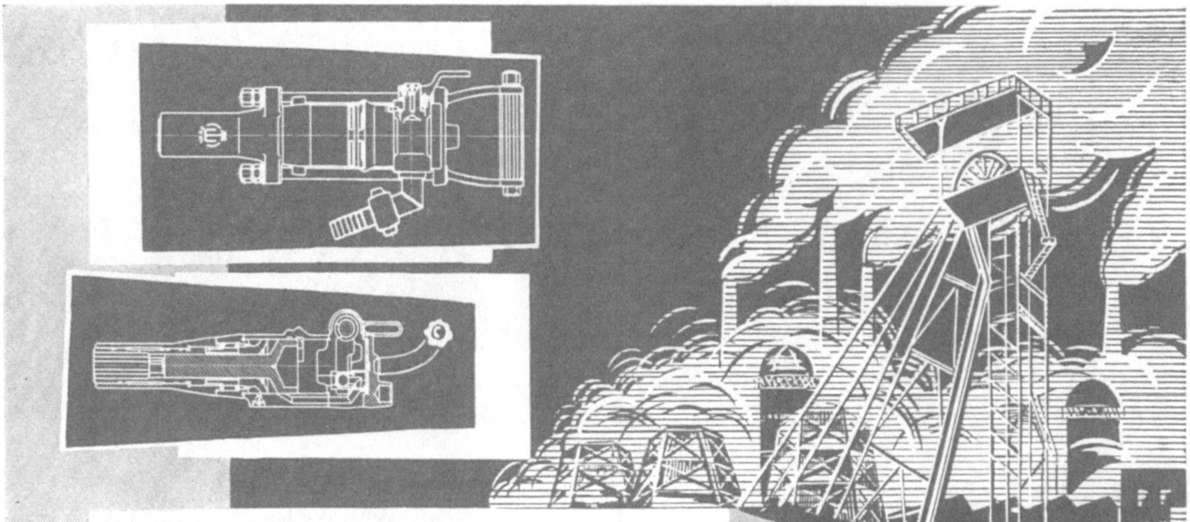

Unsere Konstruktionen

sind das Ergebnis einer engen Zusammenarbeit zwischen den Bergbaubetrieben, der Bergakademie und unserem Werk.

Bei niedrigstem Einsatz menschlicher Arbeitskraft arbeiten Sie mit unseren Druckluft-Hämmern

schneller besser billiger

VEB Ernst-Thälmann-Werk, Suhl / Thür.

Gerhard Seifert

ARBEITER-SCHUTZBEKLEIDUNG

Leipzig N 22 - Platnerstr. 13
Telefon 5 00 39

Wir fertigen:

Schachtanzüge
Wetter-Schutzanzüge
sowie sämtliche
Arbeits- und Berufskleidung
Nähte der gummierten Stoffe
heißvulkanisiert, absolut wasserdicht

Wir liefern

in altbekannter Güte und Präzision:

Spiegelkompasse
Geologenkompasse
Markscheidekompasse
mit Freiberger Hängezeug
Gradbogen
und
Zulegeplatte

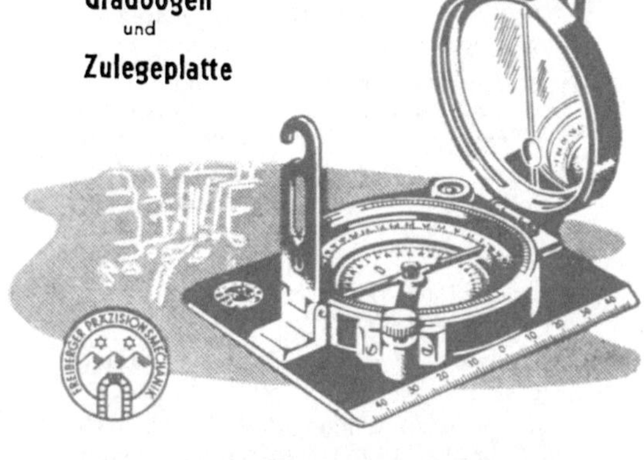

VEB FREIBERGER PRÄZISIONSMECHANIK
FREIBERG (SACHSEN)